Top im Abi

Mathematik

Schroedel / Fischer

Top im Abi
Mathematik

Für Schülerinnen und Schüler im
12. und 13. Schuljahr

Autoren:
Thomas Hechinger (Analysis)
Rainer Hild (Analytische Geometrie, Lineare Algebra)

ISBN 3-507-23001-1

Druck 5 4 3 2 1 / Jahr 2008 2007 2006 2005 2004

Umschlaggestaltung:
Janssen Kahlert Design & Kommunikation, Hannover
Gesamtherstellung: imprint, Zusmarshausen
Druck und Bindung: Westermann Braunschweig

Analysis

Grundlagen

Polynome

Reelle Funktionen

Stetigkeit und Grenzwert

Transzendente Funktionen

Differentialrechnung

Integralrechnung

Kurvendiskussion

Analytische Geometrie

Lineare Gleichungssysteme in der analytischen Geometrie

Punkte und Vektoren im kartesischen Koordinatensystem

Geraden- und Ebenengleichungen

Schnittprobleme

Abstände und Längen

Spiegelungen an Ebenen

Winkelberechnungen

Rechnereien rund um die Kugel

Lineare Algebra

Lineare Gleichungssysteme und ihre Lösung

Grundbegriffe der Vektorrechnung

Lineare Abbildungen

Die Matrixrechnung zur Lösung eines LGS

Anhang

Analysis

Grundlagen

1 Reelle Zahlen am Zahlenstrahl

Zur Veranschaulichung der Menge $\mathbb{R}$ der **reellen Zahlen** dient der **Zahlenstrahl**. Wichtige Teilmengen von $\mathbb{R}$ sind die **Intervalle**. Ihnen entsprechen auf dem Zahlenstrahl Strecken, Halbgeraden oder die ganze Zahlengerade.

1.1 Der Zahlenstrahl

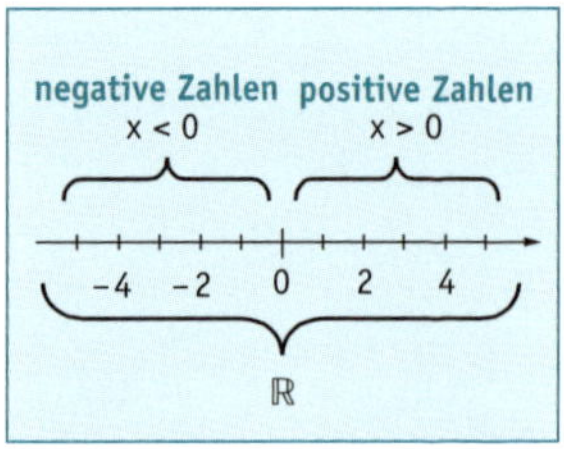

Die Zahl 0 (Ursprung) trennt die **negativen** Zahlen ($x < 0$) von den **positiven** Zahlen ($x > 0$), der Pfeil zeigt die positive Richtung an. 0 selbst ist weder positiv noch negativ. Haben zwei Zahlen denselben Betrag der Differenz wie zwei andere, so haben sie auf dem Zahlenstrahl auch denselben Abstand **(Äquidistanz)**.

1.2 Intervalle

Alle reellen Zahlen, die zwischen zwei gegebenen reellen Zahlen a, b ($a < b$) liegen, bilden ein endliches Intervall. Je nachdem, ob man a oder b selbst mit einschließt oder nicht, unterscheidet man **abgeschlossene** und **offene** endliche Intervalle.

Unendliche Intervalle entstehen, wenn die Zahlenmenge ins Negative oder Positive oder in beide Richtungen unbeschränkt ist. Für die Unbeschränktheit ins Positive verwendet man das Zeichen ∞ („Unendlich"), für die Unbeschränktheit ins Negative das Zeichen $-\infty$ („minus Unendlich"). ∞ und $-\infty$ sind keine reellen Zahlen, sondern deuten nur die Unbeschränktheit an. Besitzt das unendliche Intervall die reelle Zahl c als Randzahl, so heißt es **abgeschlossen**, wenn c zum Intervall gehört, und **offen**, wenn c nicht zum Intervall gehört.

a und b seien reelle Zahlen mit a < b. Zeigt die eckige Klammer zur Zahl hin, ist diese eingeschlossen, ansonsten ausgeschlossen. Gehört dementsprechend ein Randpunkt dazu, so wird er ausgefüllt, gehört er nicht dazu, wird er hohl gezeichnet.

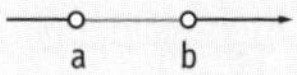

offenes Intervall
]a; b[= {x ∈ ℝ | a < x < b}
alle reellen Zahlen zwischen a und b ohne a und b

abgeschlossenes Intervall
[a; b] = {x ∈ ℝ | a ≤ x ≤ b}
alle reellen Zahlen zwischen a und b einschließlich a und b

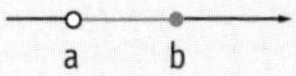

halboffenes Intervall
(links offen, rechts abgeschlossen)
]a; b] = {x ∈ ℝ | a < x ≤ b}
alle reellen Zahlen zwischen a und b einschließlich b, ohne a

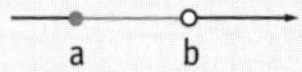

halboffenes Intervall
(rechts offen, links abgeschlossen)
[a; b[= {x ∈ ℝ | a ≤ x < b}
alle reellen Zahlen zwischen a und b einschließlich a, ohne b

Endliche Intervalle – Übersicht

a, b sind die **Randpunkte** des Intervalls, die Zahlen x mit a < x < b heißen **innere Punkte**. Ein offenes Intervall besteht also nur aus inneren Punkten, ein abgeschlossenes aus inneren Punkten einschließlich seiner Randpunkte.

c sei eine reelle Zahl. Zeigt die eckige Klammer zur Zahl hin, ist diese eingeschlossen, ansonsten ausgeschlossen. Gehört dementsprechend ein Randpunkt dazu, so wird er ausgefüllt, gehört er nicht dazu, wird er hohl gezeichnet.

offenes Intervall
]−∞; c[= {x ∈ ℝ | x < c}
alle reellen Zahlen kleiner als c ohne c

abgeschlossenes Intervall
]−∞; c] = {x ∈ ℝ | x ≤ c}
alle reellen Zahlen kleiner als c einschließlich c

offenes Intervall
]c; ∞[= {x ∈ ℝ | x > c}
alle reellen Zahlen größer als c ohne c

abgeschlossenes Intervall
[c; ∞[= {x ∈ ℝ | x ≥ c}
alle reellen Zahlen größer als c einschließlich c

Das Intervall]−∞; ∞[gilt sowohl als offen als auch als abgeschlossen.
Es besteht aus allen reellen Zahlen:]−∞; ∞[= ℝ

Unendliche Intervalle – Übersicht

1.3 Mengen reeller Zahlen

Wichtige Mengenoperationen

$\setminus$ – Zeichen für Mengendifferenz

$\cup$ – Zeichen für Vereinigungsmenge

Als Teilmengen der reellen Zahlen findet man in der Analysis neben den Intervallen oft auch die Intervalle mit Lücken. Diese sind Vereinigungen von Intervallen.

Beispiele:

$[-2; 3] \setminus \{1\} = [-2; 1[\ \cup \ ]1; 3]$

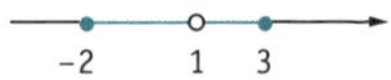

$\mathbb{R} \setminus \{-1; 1\} =]-\infty; -1[\ \cup \ ]-1; 1[\ \cup \ ]1; \infty[$

2 Das kartesische Koordinatensystem

Im zweidimensionalen kartesischen Koordinatensystem lassen sich Abhängigkeiten zweier Größen x, y darstellen. Es besteht aus zwei senkrecht aufeinander stehenden Zahlenstrahlen, die sich bei 0 schneiden. Der eine zeigt nach rechts und wird als Abszissenachse (x-Achse) bezeichnet, der andere zeigt nach oben und heißt Ordinatenachse (y-Achse). Die Bezeichnungen x-Achse und y-Achse sind üblich, aber missverständlich, da die Variablen jederzeit umbenannt werden können (was vor allem bei Anwendungsaufgaben vorkommt).

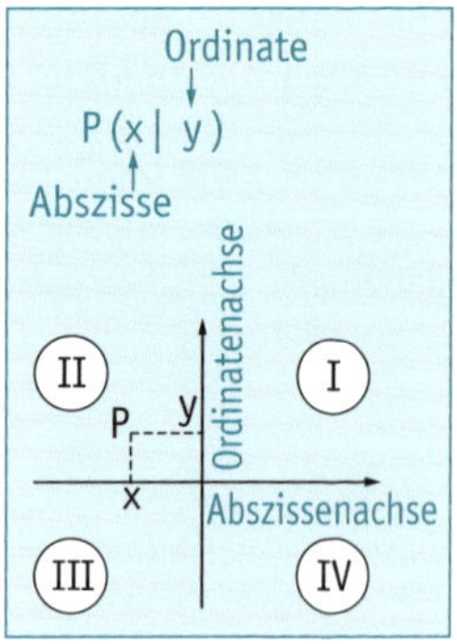

Durch die Koordinatenachsen wird die Zeichenebene in vier **Quadranten** zerlegt. Man beginnt rechts oben und numeriert die Quadranten gegen den Uhrzeigersinn mit I, II, III, IV.

Ein Punkt P der Zeichenebene kann durch zwei Koordinaten beschrieben werden, seine **Abszisse** (x-Wert) und seine **Ordinate** (y-Wert). Man schreibt: $P(x \mid y)$

3 Geraden im Koordinatensystem

3.1 Geradengleichungen

Eine Gerade g kann im Koordinatensystem durch die

Normalform der Geradengleichung

g: $ax + by + c = 0$

($a, b, c \in \mathbb{R}$ fest vorgegeben; $a \neq 0$ oder $b \neq 0$)

beschrieben werden. $P(x \mid y) \in g$ gilt dann und nur dann, wenn die Koordinaten x, y die Gleichung erfüllen. Die Bedingung für a, b garantiert, dass tatsächlich eine Gerade vorliegt. Für $a = b = 0$ ist die Gleichung nämlich entweder unerfüllbar ($c \neq 0$) oder wird von allen Punkten erfüllt ($c = 0$). Durch Auflösen nach y (für $b \neq 0$) erhält man die

Hauptform der Geradengleichung

g: $y = mx + d$

m heißt Steigung, d Ordinatenachsenabschnitt

Kennt man einen Punkt von g und die Steigung, verwendet man die

Punkt-Steigungs-Form der Geradengleichung

g: $y = m(x - u) + v$

m ist die Steigung, $Q(u \mid v) \in g$

Aus zwei Punkten $Q_1, Q_2 \in g$ berechnet man die Steigung ($u_1 \neq u_2$). g schneidet die Ordinatenachse am Ordinatenachsenabschnitt d.

$$m = \frac{\text{Ordinatendifferenz}}{\text{Abszissendifferenz}} = \frac{v_1 - v_2}{u_1 - u_2} = \frac{v_2 - v_1}{u_2 - u_1}$$

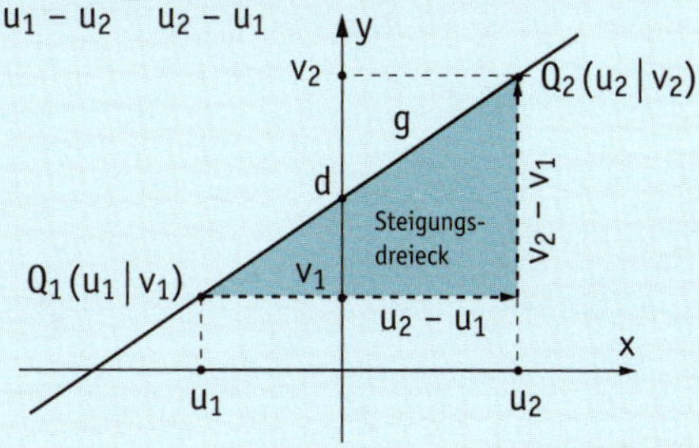

Grundlagen

3.2 Punktprobe

Durch Einsetzen der Koordinaten eines Punktes Q in eine Geradengleichung von g ermittelt man, ob Q auf g liegt. Dies ist der Fall, wenn eine wahre Aussage (w) entsteht, und nicht der Fall, wenn eine falsche Aussage (f) entsteht.

Beispiel

g: $2x - 3y - 7 = 0$ (Normalform)

Probe für $Q_1(-2\,|\,3)$

$2 \cdot (-2) - 3 \cdot 3 - 7 = 0$

$-20 = 0$ (f)

Folgerung: $Q_1 \notin g$

Probe für $Q_2(2\,|\,-1)$

$2 \cdot 2 - 3 \cdot (-1) - 7 = 0$

$0 = 0$ (w)

Folgerung: $Q_2 \in g$

3.3 Zeichnen einer Geraden

a) mittels zweier Punkte

Man bestimmt zwei Punkte so, dass die Punktprobe für sie stimmt.

Beispiel

g: $2x - 3y - 7 = 0$ allgemeine Form

$3y = 2x - 7$

$y = \frac{2}{3}x - \frac{7}{3}$ Hauptform

x kann beliebig vorgegeben werden. Man versucht jedoch (probieren!), x so zu wählen, dass x und y ganzzahlig sind.

$x = -1$: $y = \frac{2}{3} \cdot (-1) - \frac{7}{3} = -3$

$Q_1(-1\,|\,-3) \in g$

$x = 5$: $y = \frac{2}{3} \cdot 5 - \frac{7}{3} = 1$

$Q_2(5\,|\,1) \in g$

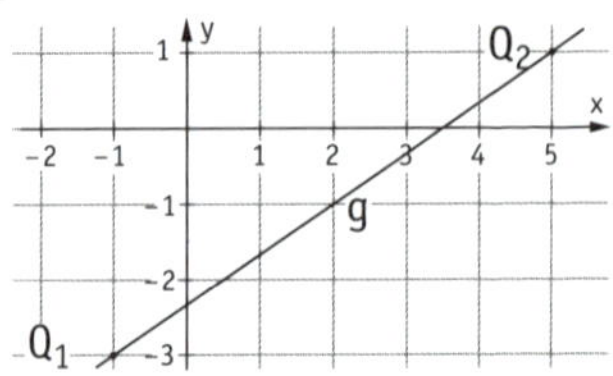

b) mittels Ordinatenachsenabschnitt und Steigung

Vorgehen:

g: $y = mx + d$ (Hauptform)

1. Bestimme einen Punkt von g, z. B. $D(0\,|\,d)$.
2. Schreibe, sofern möglich, m als Bruch und erweitere oder kürze so, dass Zähler und Nenner nicht zu klein sind (Erhöhung der Zeichengenauigkeit).
3. Zeichne von D aus ein Steigungsdreieck mit dem Nenner von m in Abszissenrichtung (bei positivem Nenner nach rechts, bei negativem nach links) und dem Zähler von m in Ordinatenrichtung (bei positivem Zähler nach oben, bei negativem nach unten).

Beispiel

g: $y = -\frac{2}{3}x + 2$

ablesen: $m = -\frac{2}{3}$, $d = 2$

1. $D(0\,|\,2)$
2. $m = -\frac{2}{3} = \frac{-4}{6}$
3. von D aus 6 nach rechts, dann 4 nach unten

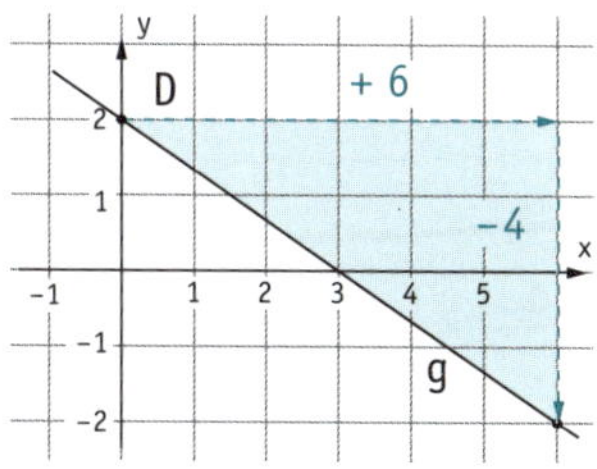

3.4 Aufstellen einer Geradengleichung

a) wenn ein Punkt und die Steigung gegeben ist

Man verwendet die Punkt-Steigungs-Form (→ *Abschnitt 3.1*).

Beispiel

Gerade g mit Steigung $m = \frac{5}{4}$ und $Q(-2\,|\,5) \in g$

$y = \frac{5}{4}(x - (-2)) + 5$

Durch Ausmultiplizieren und Vereinfachen der rechten Seite erhält man die Hauptform:

g: $y = \frac{5}{4}x + \frac{15}{2}$

b) bei zwei vorgegebenen Punkten

1. Wenn die Punkte dieselbe Abszisse u haben, dann ist $x = u$ die Gleichung von g.
2. Wenn die Punkte dieselbe Ordinate v haben, dann ist $y = v$ die Gleichung von g.
3. Ansonsten bestimmt man zunächst die Steigung und verwendet dann die Punkt-Steigungs-Form (→ *Abschnitt 3.1*).

Beispiele

zu 1:

Gerade g durch $Q_1(-2\,|\,1)$ und $Q_2(-2\,|\,4)$

g: $x = -2$

g verläuft parallel zur Ordinatenachse.
g kann nicht durch eine Hauptform beschrieben werden (!).

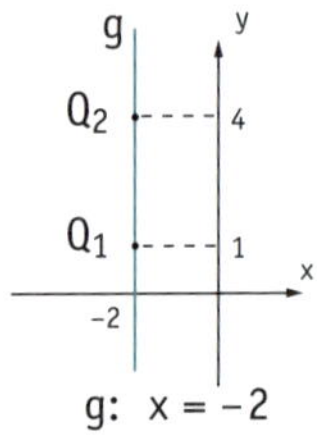

zu 2:

Gerade g durch $Q_1(-2\,|\,-1)$ und $Q_2(3\,|\,-1)$

g: $y = -1$

(Steigung $m = 0$, Ordinatenachsenabschnitt $d = -1$)
g verläuft parallel zur Abszissenachse.

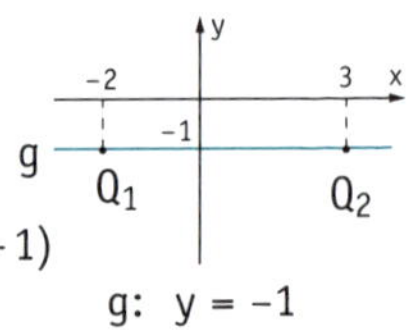

zu 3:

Gerade g durch $Q_1(-2\,|\,1)$ und $Q_2(3\,|\,-2)$

Steigung:

$$m = \frac{1-(-2)}{-2-3} = -\frac{3}{5}$$

Punkt-Steigungs-Form mit Q_1
(es würde auch mit Q_2 gehen):

g: $y = -\frac{3}{5}(x-(-2)) + 1$

Hauptform: g: $y = -\frac{3}{5}x - \frac{1}{5}$

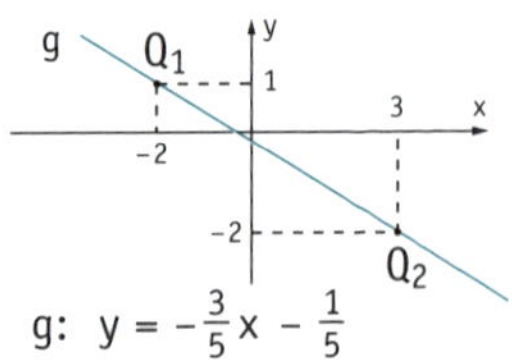

3.5 Parallelität und Orthogonalität

	Normalform g_1: $a_1 x + b_1 y + c_1 = 0$ g_2: $a_2 x + b_2 y + c_2 = 0$	**Hauptform** g_1: $y = m_1 x + d_1$ g_2: $y = m_2 x + d_2$
Parallelität $g_1 \parallel g_2$	$a_2 = \lambda a_1$, $b_2 = \lambda b_1$ mit einem Faktor $\lambda \neq 0$	$m_1 = m_2$
Identität $g_1 = g_2$	$a_2 = \lambda a_1$, $b_2 = \lambda b_1$ und $c_2 = \lambda c_1$ mit einem Faktor $\lambda \neq 0$	$m_1 = m_2$ und $d_1 = d_2$
Orthogonalität $g_1 \perp g_2$	$a_1 \cdot a_2 + b_1 \cdot b_2 = 0$	$m_1 \cdot m_2 = -1$

Beispiele

Sind g_1: $2x - 3y + 4 = 0$ und g_2: $2y - 6x + 3 = 0$ parallel? Zunächst gilt: $a_1 = 2$, $b_1 = -3$, $a_2 = -6$, $b_2 = 2$. Dann rechnet man:

$\frac{a_2}{a_1} = -3$, also $a_2 = -3a_1$ und $\frac{b_2}{b_1} = -\frac{2}{3}$, also $b_2 = -\frac{2}{3} b_1$

Es gibt daher kein λ wie gefordert: Die Geraden sind nicht parallel.

Sind g_1: $y = -\frac{2}{3}x + \frac{5}{6}$ und g_2: $y = 1{,}5x - 0{,}75$ senkrecht zueinander?

Zunächst gilt: $m_1 = -\frac{2}{3}$, $m_2 = 1{,}5 = \frac{3}{2}$.

Dann rechnet man: $m_1 \cdot m_2 = -\frac{2}{3} \cdot \frac{3}{2} = -1$

Die Geraden stehen also senkrecht aufeinander.

Man bestimme die Normale h von g: $y = -\frac{3}{4}x + 2$ durch $Q(-6 \mid 1)$.

Es seien m_g, m_h die Steigungen von g bzw. h; $m_g = -\frac{3}{4}$ ist bekannt.

Man bestimmt m_h: $-\frac{3}{4} \cdot m_h = -1$, also $m_h = \frac{4}{3}$

Punkt-Steigungs-Form: h: $y = \frac{4}{3}(x - (-6)) + 1$

Hauptform: h: $y = \frac{4}{3}x + 9$

Normal!

Eine Gerade, die auf der Geraden g senkrecht steht, heißt **Normale von g.**

3.6 Halbebenen, Abstand Punkt – Gerade

Jede Gerade g zerlegt die Koordinatenebene in drei Teile: zwei Halbebenen H_1, H_2 und die Gerade g selbst. Mithilfe der Normalform ist es leicht möglich, zu entscheiden, ob zwei Punkte demselben der drei Teile angehören oder nicht.

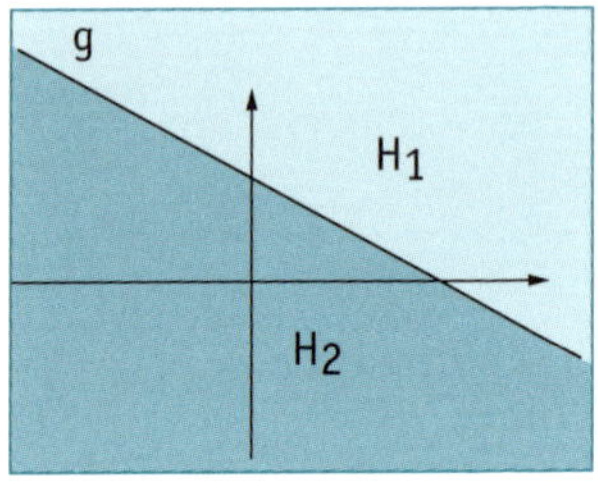

Die Gerade g liege in Normalform vor: g: $ax + by + c = 0$
Der Term links wird mit NF(x, y) abgekürzt: g: $NF(x, y) = 0$

Setzt man in NF(x, y) für x, y die Koordinaten eines Punktes $P \in g$ ein, so ergibt sich also 0, für Punkte $P \notin g$ dagegen ein Wert $\neq 0$ (→ *Abschnitt 3.2*). Das Signum (Vorzeichen) +1 (bei positivem Wert) bzw. −1 (bei negativem Wert) von NF(x, y) entscheidet nun, ob zwei Punkte $\notin g$ derselben Halbebene angehören oder nicht.

Merke!

Zwei Punkte $P_1(u_1 | v_1)$, $P_2(u_2 | v_2)$ gehören dann und nur dann demselben der drei Teile H_1, H_2, g an, wenn die Vorzeichen von $NF(u_1, v_1)$ und $NF(u_2, v_2)$ übereinstimmen.

Beispiel

g: $3x - 5y - 2 = 0$
Punkte: O(0 | 0), P(3 | 1), Q(−1 | −1), R(−2 | 1)

$NF(0, 0) = 3 \cdot 0 - 5 \cdot 0 - 2 = -2 < 0$ Signum: −1

$NF(3, 1) = 3 \cdot 3 - 5 \cdot 1 - 2 = 2 > 0$ Signum: +1

$NF(-1, -1) = 3 \cdot (-1) - 5 \cdot (-1) - 2 = 0$ Signum: 0

$NF(-2, 1) = 3 \cdot (-2) - 5 \cdot 1 - 2 = -13 < 0$ Signum: −1

Die Punkte O, R liegen in derselben durch g bestimmten Halbebene (gleiches Signum), P dagegen in der andern. Der Punkt Q liegt auf g.

Auch der Abstand d (P, g) des Punktes P zur Geraden g kann mithilfe der Normalform bestimmt werden.

$$d(P, g) = \frac{|NF(u, v)|}{\sqrt{a^2 + b^2}} \qquad \begin{array}{l} NF(x, y) = ax + by + c \\ g: NF(x, y) = 0 \\ P(u\,|\,v) \end{array}$$

Besonders übersichtlich wird die Formel, wenn $a^2 + b^2 = 1$ ist. Dann, so sagt man, liegt g in **Hesse-Normalform** HNF vor.

$$d(P, g) = |HNF(u, v)| \qquad \begin{array}{l} HNF(x, y) = ax + by + c \\ a^2 + b^2 = 1 \\ g: HNF(x, y) = 0 \\ P(u\,|\,v) \end{array}$$

Jede Normalform $ax + by + c = 0$ kann sofort auf die Hesse-Normalform gebracht werden, indem man die Gleichung durch $\sqrt{a^2 + b^2}$ dividiert.

Beispiel

Gesucht ist der Abstand des Punktes $P(-2\,|\,7)$ von g: $2x - y - 4 = 0$.
$a = 2$, $b = -1$: Man dividiert durch $\sqrt{2^2 + (-1)^2} = \sqrt{5}$.

HNF von g: $\frac{2}{\sqrt{5}}x - \frac{1}{\sqrt{5}}y - \frac{4}{\sqrt{5}} = 0$

$$d(P, g) = \frac{|2 \cdot (-2) - 7 - 4|}{\sqrt{5}} = \frac{|-15|}{\sqrt{5}} = \frac{3 \cdot 5}{\sqrt{5}} = 3\sqrt{5}$$

Polynome

Die reelle Analysis handelt von den **reellen Funktionen**. Eine der wichtigsten Funktionenklassen sind hierbei die **ganzrationalen Funktionen**. Jede ganzrationale Funktion kann durch ein **Polynom** definiert werden.

1 Polynombegriff und Beispiele

Für ein ganzzahliges $n \geq 0$ hat man die folgende Definition:

Definition eines Polynoms p (x) in x über $\mathbb{R}$

$p(x) = a_n x^n + a_{n-1} x^{n-1} + a_{n-2} x^{n-2} + \ldots + a_1 x + a_0$
mit festen $a_n, a_{n-1}, a_{n-2}, \ldots, a_1, a_0 \in \mathbb{R}$ und $a_n \neq 0$
$a_n, a_{n-1}, a_{n-2}, \ldots, a_1, a_0$ nennt man die Koeffizienten, n den Grad des Polynoms. $x^n, x^{n-1}, \ldots$ (manchmal auch nicht ganz korrekt $a_n x^n$, $a_{n-1} x^{n-1}, \ldots$) heißen die Potenzen des Polynoms.

Darüber hinaus bezeichnet man die Konstante 0 als **Nullpolynom** und gibt diesem vereinbarungsgemäß den Grad $-\infty$. Das Nullpolynom und Polynome vom Grad 0 heißen **konstant**, konstante Polynome und solche vom Grad 1 heißen **linear**, Polynome vom Grad 2 heißen **quadratisch** und solche vom Grad 3 **kubisch**.

		Grad	Polynom p(x)	Koeffizienten				
				a_0	a_1	a_2	a_3	a_4
linear	konstant	$-\infty$	0	–	–	–	–	–
linear	konstant	0	$\sqrt{3}$	$\sqrt{3}$	–	–	–	–
linear		1	$-2x + \frac{5}{2}$	$\frac{5}{2}$	-2	–	–	–
quadratisch		2	$x^2 + 0{,}2x - 2$	-2	$0{,}2$	1	–	–
kubisch		3	$\frac{1}{2}x^3 + x^2 - 4$	-4	0	1	$\frac{1}{2}$	–
		4	$-x^4 + \sqrt{6}\,x^2 + 3x$	0	3	$\sqrt{6}$	0	-1

2 Rechnen mit Polynomen

2.1 Addieren und Subtrahieren

Beim Addieren und Subtrahieren von Polynomen $p(x)$, $q(x)$ müssen nur die Koeffizienten gleicher Potenzen addiert werden.

Beispiele

$p(x) = 2x^4 - x + 3, \quad q(x) = x^2 + 2x - 1$

$p(x) + q(x) = 2x^4 + x^2 + x + 2$

$p(x) + q(x)$ hat denselben Grad wie $p(x)$, also den höheren der beiden Grade von $p(x)$ bzw. $q(x)$.

$p(x) = 4x^3 - 3x^2 + 2x - 5, \quad q(x) = -4x^3 + 3x^2 - 6x + 2$

$p(x) + q(x) = -4x - 3$

$p(x) + q(x)$ hat nur noch den Grad 1, da sich die höheren Potenzen gegenseitig wegheben.

Grad-Regel

Die Summe (Differenz) zweier Polynome hat einen Grad höchstens so groß wie der größere Grad der beiden Summanden.

2.2 Multiplizieren

Beim Multiplizieren von Polynomen $p(x)$, $q(x)$ müssen die Glieder nach dem **Distributivgesetz** „jedes mit jedem" multipliziert werden. Anschließend werden die Koeffizienten gleicher Potenzen addiert.

Beispiel

$p(x) = 2x^3 + 2x - 5, \; q(x) = 3x^2 - 4x - 3$

$$\begin{aligned} p(x) \cdot q(x) &= (2x^3 + 2x - 5)(3x^2 - 4x - 3) \\ &= 6x^5 - 8x^4 - 6x^3 + 6x^3 - 8x^2 - 6x - 15x^2 + 20x + 15 \\ &= 6x^5 - 8x^4 - 23x^2 + 14x + 15 \end{aligned}$$

Die beiden höchsten Potenzen $2x^3$ und $3x^2$ ergeben multipliziert die höchste Potenz $6x^5$ des Produkts. Die anderen Potenzen liefern keine Beiträge dazu.

Grad-Satz

Beim **Multiplizieren** von Polynomen **addieren** sich die Grade.

2.3 Dividieren

Wie im Bereich der ganzen Zahlen $\mathbb{Z}$ die Division in der Regel nicht aufgeht, so gilt das auch für Polynome. Will man etwa die Aufgabe „6 : 4“ ohne Verwendung von Brüchen rechnen, so kann man die Lösung auf zwei Arten aufschreiben:

Dividend		Divisor					Dividend		Divisor				
6	:	4	=	1	Rest	2	6	=	4	·	1	+	2
				Quotient		Rest					Quotient		Rest

Die erste Schreibweise ist für die höhere Mathematik ungeeignet, da der Gebrauch des Gleichheitszeichens unklar ist. Wir verwenden daher bei Polynomen die der zweiten entsprechende Schreibweise:

Satz von der Polynomdivision:

Sind $u(x)$, $v(x)$ Polynome mit $v(x) \neq$ Nullpolynom, so ist die Polynomdivision $u(x) : v(x)$ eindeutig lösbar, d. h., es gibt zwei eindeutig bestimmte Polynome $q(x)$, $r(x)$ mit

$$u(x) = v(x) \cdot q(x) + r(x),$$

wobei $r(x)$ entweder das Nullpolynom ist („die Division geht auf“) oder, falls das nicht der Fall ist („die Division geht nicht auf“), zumindest einen kleineren Grad als $v(x)$ hat.

In diesem Zusammenhang nennt man $u(x)$ den **Dividenden**, $v(x)$ den **Divisor**, $q(x)$ den **Quotienten** und $r(x)$ den **Rest**.

Beim Vergleich mit der eingangs gestellten Aufgabe „6 : 4“ entsprechen sich $u(x)$ und 6, $v(x)$ und 4, $q(x)$ und 1, $r(x)$ und 2. Der kompliziert klingende Satz wird anschaulich, wenn man sich das Verfahren vergegenwärtigt, um die Polynome $q(x)$ und $r(x)$ zu bestimmen.

Beispiele

Es ist die Polynomdivision $u(x) : v(x)$ durchzuführen für

$$u(x) = 6x^4 + x^3 - 11x^2 + 15x + 4 \quad \text{und} \quad v(x) = 2x^2 + 3x - 1$$

Man ermittelt $q(x)$ und $r(x)$ schrittweise. Bei jedem Schritt wird die neue Potenz von $q(x)$ so gewählt, dass die Multiplikation mit der höchsten Potenz von $v(x)$ (hier: $2x^2$) die höchste Potenz des gerade aktuellen Restpolynoms $r_k(x)$ gibt (1.). Dann wird die Multiplikationsprobe durchgeführt (2.) und durch Subtraktion der neue Rest bestimmt (3.). Das Ver-

fahren hört auf, sobald die Division aufgeht oder der Rest $r_k(x)$ kleineren Grad als der Divisor $v(x)$ (hier: Grad 2) hat. Ganz am Anfang ist
$r_0(x) = u(x) = 6x^4 + x^3 - 11x^2 + 15x + 4$

1. $q(x) = 3x^2 + \ldots$, da $(2x^2 + \ldots) \cdot (3x^2 + \ldots) = 6x^4 + \ldots$

2. $v(x) \cdot [\text{Potenz von } q(x)] = (2x^2 + 3x - 1) \cdot (3x^2)$
$= 6x^4 + 9x^3 - 3x^2$

3. $r_1(x) = (6x^4 + x^3 - 11x^2 + 15x + 4) - (6x^4 + 9x^3 - 3x^2)$
$= -8x^3 - 8x^2 + 15x + 4$

$r_1(x)$ hat den Grad 3; das ist nicht kleiner als 2, also weiter!

1. $q(x) = \ldots -4x \ldots$, da $(2x^2 + \ldots) \cdot (\ldots -4x \ldots) = -8x^3 + \ldots$

2. $v(x) \cdot [\text{Potenz von } q(x)] = (2x^2 + 3x - 1) \cdot (-4x)$
$= -8x^3 - 12x^2 + 4x$

3. $r_2(x) = (-8x^3 - 8x^2 + 15x + 4) - (-8x^3 - 12x^2 + 4x)$
$= 4x^2 + 11x + 4$

$r_2(x)$ hat erst den Grad 2; also ein letztes Mal!

1. $q(x) = \ldots + 2$, da $(2x^2 + \ldots) \cdot (\ldots + 2) = 4x^2 + \ldots$

2. $v(x) \cdot [\text{Potenz von } q(x)] = (2x^2 + 3x - 1) \cdot (2) = 4x^2 + 6x - 2$

3. $r_3(x) = (4x^2 + 11x + 4) - (4x^2 + 6x - 2) = 5x + 6$ (Grad ist 1)

Und so wird die Rechnung übersichtlich aufgeschrieben:

$$
\begin{array}{llll}
6x^4 + x^3 & -11x^2 + 15x + 4 = (2x^2 + 3x - 1) \cdot (3x^2 - 4x + 2) + (5x + 6) \\
\underline{-(6x^4 + 9x^3} & \underline{-3x^2 \qquad\qquad)} \\
\quad -8x^3 & -8x^2 + 15x + 4 \\
\quad \underline{-(-8x^3} & \underline{-12x^2 + 4x \quad)} \\
 & \quad 4x^2 + 11x + 4 \\
 & \underline{-(4x^2 + 6x - 2)} \\
 & \qquad\quad 5x + 6
\end{array}
$$

Es ist die Polynomdivision $u(x) : v(x)$ durchzuführen für
$u(x) = x^4 + 1$ und $v(x) = x^2 - \sqrt{2}x + 1$

In diesem Beispiel fehlen beim Dividenden Potenzen. Dafür werden Lücken gelassen (dies entspricht einem Koeffizienten 0).

$$
\begin{array}{lllll}
x^4 & & & & +1 = (x^2 - \sqrt{2}x + 1) \cdot (x^2 + \sqrt{2}x + 1) \\
\underline{-(x^4} & \underline{-\sqrt{2}x^3} & \underline{+x^2} & & \underline{\quad)} \\
 & \sqrt{2}x^3 & -x^2 & & +1 \\
 & \underline{-(\sqrt{2}x^3} & \underline{-2x^2} & \underline{+\sqrt{2}x} & \underline{\quad)} \\
 & & x^2 & -\sqrt{2}x & +1 \\
 & & \underline{-(x^2} & \underline{-\sqrt{2}x} & \underline{+1)} \\
 & & & & 0
\end{array}
$$

Hier geht die Division also auf.

Polynome

3 Nullstellen von Polynomen

3.1 Begriff und Beispiele

Definition der Nullstelle eines Polynoms:

Eine reelle Zahl c heißt Nullstelle des Polynoms p(x), wenn sich beim Ersetzen der Variablen x durch die Zahl c der Termwert 0 ergibt: $p(c) = 0$

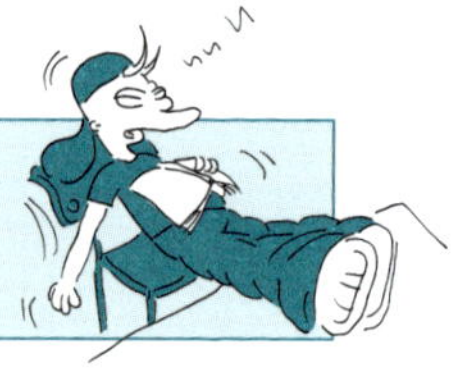

Beispiele

$p(x) = 3x^4 + 9x - 30$
$p(-2) = 3 \cdot (-2)^4 + 9 \cdot (-2) - 30 = 0$, also ist -2 Nullstelle von p(x)
$p(0) = 3 \cdot 0^4 + 9 \cdot 0 - 30 = -30$, also ist 0 keine Nullstelle von p(x)

$p(x) = 5x^6 + 9x^2 + 12$
Dieses Polynom besitzt keine Nullstellen, denn für jedes $c \in \mathbb{R}$ ist c^6 und $c^2 \geq 0$, so dass gilt: $p(c) = 5c^6 + 9c^2 + 12 \geq 12$

$p(x) = 4x^6 - 20x^3 + 27$
Auch dieses Polynom ist nullstellenfrei. Allerdings ist das nicht so einfach zu sehen wie im Beispiel 2 (wegen $-20x^3$). Man kann hier aber die **quadratische Ergänzung** anwenden:
$p(x) = 4x^6 - 20x^3 + 27 = 4x^6 - 20x^3 + 25 + 2 = (2x^3 - 5)^2 + 2$
Daher gilt für $c \in \mathbb{R}$: $p(c) = (2c^3 - 5)^2 + 2 \geq 2$

$p(x) = 0$ (Nullpolynom)
Jede Zahl c ist Nullstelle, denn beim Einsetzen von c für x (die rechte Seite ist konstant 0, da gibt es nichts einzusetzen!) bekommt man $p(c) = 0$

Man unterscheide **Nullpolynom** und **Nullstelle**! Eine Nullstelle ist eine spezielle **Zahl**, so dass sich beim Einsetzen in ein Polynom p(x), das nicht das Nullpolynom zu sein braucht, 0 ergibt. Dagegen ist das Nullpolynom ein **Polynom**, welches konstant 0 ist.

3.2 Nullstellen beim Grad ≤ 2

a) Grad $-\infty$ Das Nullpolynom besitzt jede reelle Zahl als Nullstelle.

b) Grad 0 Konstante Polynome ungleich dem Nullpolynom besitzen keine Nullstellen.

c) Grad 1 Polynome vom Grad 1 besitzen genau eine Nullstelle. Man bestimmt sie durch Lösen einer linearen Gleichung.

z. B. $p(x) = 3x - 2$

$3x - 2 = 0 \;\Leftrightarrow\; 3x = 2 \;\Leftrightarrow\; x = \frac{2}{3}$

$\frac{2}{3}$ ist also die einzige Nullstelle.

d) Grad 2 Polynome vom Grad 2 besitzen keine, genau eine oder genau zwei Nullstellen. Man bestimmt sie durch Lösen einer quadratischen Gleichung **(„Mitternachtsformel")**.

z. B. $p(x) = 3x^2 - 5x + 2$

Man errechnet $D = (-5)^2 - 4 \cdot 3 \cdot 2 = 1 > 0$, also hat $p(x)$ die beiden Nullstellen $u_1 = \frac{5-1}{6} = \frac{2}{3}$ und $u_2 = \frac{5+1}{6} = 1$.

Nullstellen quadratischer Polynome

Das quadratische Polynom

$p(x) = ax^2 + bx + c$

(mit $a, b, c \in \mathbb{R}$; $a \neq 0$) besitzt in Abhängigkeit von der Diskriminanten

$D = b^2 - 4ac$

keine Nullstelle (falls $D < 0$), genau eine Nullstelle (falls $D = 0$) oder genau zwei Nullstellen (falls $D > 0$).

Im Falle $D \geq 0$ sind die Zahlen

$$u_1 = \frac{-b - \sqrt{D}}{2a}, \quad u_2 = \frac{-b + \sqrt{D}}{2a},$$

die Nullstellen des Polynoms.

Für $D = 0$ fallen die beiden Nullstellen zu einer zusammen. Man nennt diese dann eine **doppelte** Nullstelle des Polynoms.

3.3 Sätze über Nullstellen

Ist der Grad des Polynoms ≥ 3, so ist die Nullstellenbestimmung im Allgemeinen schwieriger. Für die Grade 3 und 4 gibt es nach **Cardano** benannte Lösungsformeln, zu deren Verständnis aber die komplexen Zahlen $\mathbb{C}$ erforderlich sind. Lösungsformeln für Grade ≥ 5 kann es nach einem Satz von **Abel** nicht geben. Allerdings gibt es Verfahren (z.B. das **Newton-Verfahren** → *Kapitel „Differentialrechnung", Abschnitt 5*), mit denen man Nullstellen als Dezimalbrüche beliebig genau bestimmen kann. Dennoch kann man in gewissen Spezialfällen Aussagen über Nullstellen treffen. Als Erstes folgt ein

Satz über ganzzahlige Nullstellen

Alle Koeffizienten des Polynoms

$p(x) = a_n x^n + a_{n-1} x^{n-1} + a_{n-2} x^{n-2} + \ldots + a_1 x + a_0$

vom Grade $n \geq 1$ seien $\in \mathbb{Z}$ (d. h. ganzzahlig).

Ist nun $c \in \mathbb{Z}$ eine Nullstelle von $p(x)$, so gilt $c \mid a_0$.

(Die Schreibweise „$c \mid a_0$" bedeutet: „c ist ein Teiler von a_0.")

Der Satz ist nur anwendbar auf **ganzzahlige** Nullstellen von Polynomen mit **ganzzahligen Koeffizienten**. Für diesen Fall gibt er eine notwendige Bedingung. Man kann ihn so anwenden, dass man zunächst alle (positiven und negativen) Teiler des konstanten Gliedes a_0 bestimmt. Das sind nur endlich viele Zahlen. Diese probiert man durch, ob sie Nullstellen von $p(x)$ sind. Andere ganzzahlige Nullstellen kann es nach dem Satz nicht geben. Echt gebrochene oder irrationale Nullstellen kann man mit dem Satz aber nicht herausfinden.

Beispiele

Beispiel 1

Man bestimme die ganzzahligen Nullstellen von

$p(x) = x^3 + 2x^2 - 3x - 6$.

Konstantes Glied: $a_0 = -6$; Teiler: $\pm 1, \pm 2, \pm 3, \pm 6$

nur mit -2 funktioniert es:

$p(-2) = (-2)^3 + 2 \cdot (-2)^2 - 3 \cdot (-2) - 6 = 0$

-2 ist die einzige ganzzahlige Nullstelle von $p(x)$.
(Allerdings sind auch die irrationalen Zahlen $\pm\sqrt{3}$ Nullstellen; mit $-\sqrt{3}$ etwa:

$$\begin{aligned} p(-\sqrt{3}) &= (-\sqrt{3})^3 + 2 \cdot (-\sqrt{3})^2 - 3 \cdot (-\sqrt{3}) - 6 \\ &= -3\sqrt{3} + 6 + 3\sqrt{3} - 6 \\ &= 0 \end{aligned}$$

Wie man darauf kommt, siehe unten Beispiel 3.)

Beispiel 2

Man bestimme die ganzzahligen Nullstellen von

$p(x) = x^3 - \frac{2}{3}x^2 - 9x + 6$

$-\frac{2}{3} \notin \mathbb{Z}$, der Satz ist daher nicht unmittelbar anwendbar. Man erhält aber durch Ausklammern von $\frac{1}{3}$ ein Polynom mit ganzzahligen Koeffizienten:

$p(x) = \frac{1}{3}\, p^*(x)$ mit $p^*(x) = 3x^3 - 2x^2 - 27x + 18$

konstantes Glied: $a_0 = 18$; Teiler: $\pm 1, \pm 2, \pm 3, \pm 6, \pm 9, \pm 18$

Man findet durch Probieren: $p(3) = 0$ und $p(-3) = 0$; mit allen anderen geht es nicht. 3 und -3 sind die einzigen ganzzahligen Nullstellen von $p^*(x)$ und damit auch von $p(x)$. (Allerdings ist auch die echt gebrochene Zahl $\frac{2}{3}$ Nullstelle; siehe unten Beispiel 4.)

Kennt man bereits eine Nullstelle eines Polynoms, so kann man gemäß dem folgenden Satz den Grad des Polynoms um 1 erniedrigen. Er handelt vom

Abspalten von Linearfaktoren:

$p(x)$ sei ein Polynom vom Grade $n \geq 1$ und $c \in \mathbb{R}$ eine Nullstelle von $p(x)$. Dann kann man von $p(x)$ „den Linearfaktor $x - c$ abspalten", d. h., die Polynomdivision $p(x) : (x - c)$ geht auf:

$$\mathbf{p(x) = (x - c) \cdot q(x)}$$

mit einem Polynom $q(x)$ vom Grade $n - 1$.

Die Anwendung erfolgt zusammen mit dem primitiven, aber höchst wirkungsvollen

Satz vom Nullprodukt:

Ein Produkt hat dann und nur dann den Wert 0,
wenn mindestens ein Faktor 0 ist.

Polynome

Beispiele

Beispiel 3 (Fortführung von Beispiel 1)

Als Nullstelle von $p(x) = x^3 + 2x^2 - 3x - 6$ hatten wir in Beispiel 1 schon die Zahl -2 gefunden. Man kann daher $x + 2$ abspalten:

$$
\begin{array}{llll l}
x^3 & +2x^2 & -3x & -6 & = (x+2)\cdot(x^2-3) \\
-(x^3 & +2x^2 & &) & \\
\hline
 & & -3x & -6 & \\
 & & -(-3x & -6\;) & \\
\hline
 & & & 0 &
\end{array}
$$

In der Tat geht die Division auf und wir haben für $p(x)$ eine Produktdarstellung: $p(x) = (x + 2)(x^2 - 3)$. Der erste Faktor wird 0 für $x = -2$, der zweite dagegen für $x = \pm\sqrt{3}$. Damit sind alle Nullstellen von $p(x)$ gefunden.

Beispiel 4 (Fortführung von Beispiel 2)

Als Nullstelle von $p^*(x) = 3x^3 - 2x^2 - 27x + 18$ hatten wir in Beispiel 2 schon die Zahlen -3 und 3 gefunden. Man kann daher entweder nacheinander $x + 3$ und $x - 3$ abspalten (zwei Polynomdivisionen) oder gleich auf einmal das Produkt $(x + 3)(x - 3) = x^2 - 9$ (eine Polynomdivision). Wir wählen den letzten Weg:

$$
\begin{array}{llll l}
3x^3 & -2x^2 & -27x & +18 & = (x^2-9)\cdot(3x-2) \\
-(3x^3 & & -27x &) & \\
\hline
 & -2x^2 & & +18 & \\
 & -(-2x^2 & & +18\;) & \\
\hline
 & & & 0 &
\end{array}
$$

Für $p^*(x)$ gilt daher $p^*(x) = (x^2 - 9)\cdot(3x - 2)$. Der erste Faktor wird 0 für $x = \pm 3$, der zweite dagegen für $x = \frac{2}{3}$. Damit sind alle Nullstellen von $p^*(x)$ und damit auch von $p(x)$ gefunden.

Da man aus Gradgründen höchstens so viele Linearfaktoren abspalten kann, wie der Grad angibt, findet man den zentralen

Satz über die maximale Nullstellenzahl:

Ein Polynom vom Grade **$n \geq 1$**
hat höchstens n Nullstellen.

Beispiel 5

Man finde die Nullstellen von $p(x) = x^4 + x^3 - 7x^2 - x + 6$.

Die Teiler von 6 sind ± 1, ± 2, ± 3, ± 6, von diesen sind -1, 1, 2, -3 Nullstellen. Mehr Nullstellen kann $p(x)$ aber nicht haben, denn $p(x)$ hat den Grad 4. Damit sind alle Nullstellen von $p(x)$ gefunden.

Man kann nun das Produkt der Linearfaktoren $x + 1$, $x - 1$, $x - 2$, $x + 3$ von $p(x)$ abspalten. Nach dem Gradsatz aus → *Abschnitt 2.2* hat dieses, ebenso wie $p(x)$, den Grad 4. Es kann also nur noch ein Faktor vom Grad 0, d. h. eine Konstante $c \neq 0$, übrig bleiben:
$p(x) = x^4 + x^3 - 7x^2 - x + 6 = (x + 1)(x - 1)(x - 2)(x + 3) \cdot c$.
Setzt man hier z. B. $x = 0$ ein, so findet man:
$6 = 1 \cdot (-1) \cdot (-2) \cdot 3 \cdot c$, also $c = 1$.
Damit hat man $p(x)$ vollständig faktorisiert:
$p(x) = x^4 + x^3 - 7x^2 - x + 6 = (x + 1)(x - 1)(x - 2)(x + 3)$

Die Häufigkeit der Abspaltungsmöglichkeiten eines Linearfaktors führt auf die

Definition der Ordnung einer Nullstelle

Ist c Nullstelle des Polynoms $p(x)$ von einem Grade ≥ 1 und kann man den Linearfaktor $x - c$ von $p(x)$ genau k-mal abspalten, d. h., gilt
$\mathbf{p(x) = (x - c)^k q(x)}$ mit einem Polynom $q(x)$, für das $q(c) \neq 0$ ist,
so sagt man: „c hat die Ordnung (auch: Vielfachheit) k" oder „c ist k-fache Nullstelle von p(x)".

Beispiel 6

Man bestimme die Nullstellen von $p(x) = x^4 + x^3 - 3x^2 - 5x - 2$ mitsamt ihrer Vielfachheit.
Zunächst findet man durch Untersuchung der Teiler von -2 die Zahlen -1 und 2 als Nullstellen von $p(x)$. Man spaltet daher
$(x + 1)(x - 2) = x^2 - x - 2$ von $p(x)$ ab:

$$
\begin{array}{llllll}
x^4 & +x^3 & -3x^2 & -5x & -2 & = (x^2 - x - 2) \cdot (x^2 + 2x + 1) \\
\underline{-(x^4} & \underline{-x^3} & \underline{-2x^2} & \underline{} & \underline{)} & \\
 & 2x^3 & -x^2 & -5x & -2 & \\
 & \underline{-(2x^3} & \underline{-2x^2} & \underline{-4x} & \underline{)} & \\
 & & x^2 & -x & -2 & \\
 & & \underline{-(x^2} & \underline{-x} & \underline{-2)} & \\
 & & & & 0 &
\end{array}
$$

Insgesamt hat man: $p(x) = (x - 2)(x + 1) \cdot (x + 1)^2 = (x - 2)(x + 1)^3$
Daher ist 2 einfache und -1 dreifache Nullstelle von $p(x)$.

Reelle Funktionen

Hängt eine Variable y von einer anderen Variablen x ab, so sagt man: y ist eine Funktion von x: $y = f(x)$. Funktionen beschreiben daher Abhängigkeiten.

1 Grundlegendes über Funktionen

1.1 Funktionsbegriff und Schreibweisen

Beschreibung des Funktionsbegriffs

Zu einer reellen Funktion f gehören

- der Definitionsbereich D_f, eine Teilmenge von $\mathbb{R}$, bestehend aus allen **zulässigen** Eingaben x
- der Wertebereich W_f, eine Teilmenge von $\mathbb{R}$, bestehend aus allen **möglichen** Ausgaben y
- eine Vorschrift $y = f(x)$, die auf eindeutige Weise regelt, wie aus einer Eingabe $x \in D_f$ die Ausgabe $y \in W_f$ zu ermitteln ist.

In der Analysis werden Funktionsvorschriften in aller Regel durch Funktionsterme festgelegt. Als Definitionsbereiche hat man gewöhnlich Intervalle oder Vereinigungen solcher *(→ Kapitel „Grundlagen" Abschnitt 1.2 und 1.3)*. Die Angabe des Definitionsbereichs erfolgt entweder ausdrücklich (z. B. $D_f =]-\infty, 2]$) oder ist dem Kontext zu entnehmen (typische Redeweisen: „für $x > 0$" statt $D_f =]0, \infty[$; „für $x \neq 0$" statt $D_f = \mathbb{R}\setminus\{0\}$; „für $2 \leq x < 5$" statt $D_f = [2, 5[$ usw.). Oft unterbleibt die Angabe von D_f auch ganz. Dann ist, soweit nichts anderes vereinbart, D_f als maximale Teilmenge von $\mathbb{R}$ zu nehmen, für die der Funktionsterm berechenbar ist. Etwas ungenau spricht man vom **maximalen Definitionsbereich der Funktion** (statt eigentlich vom maximalen Definitionsbereich des Funktionsterms). Aus Gründen der prägnanten Sprechweise schließen wir uns diesem falschen Sprachgebrauch an. In der folgenden Skizze werden die bei Funktionen gebräuchlichen Bezeichnungen zusammengefasst:

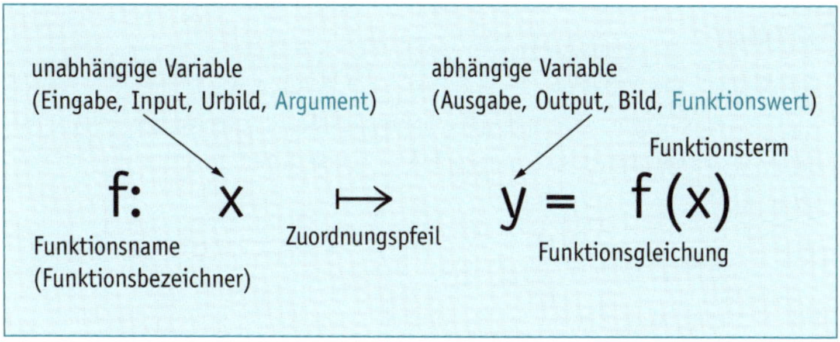

Als Beispiel betrachten wir die Quadratfunktion f mit $D_f = \mathbb{R}$ (f ordnet also jeder reellen Zahl x ihr Quadrat zu). Um f festzulegen, verwendet man die folgenden Schreibweisen. Zunächst ausführlich (→ das obige Muster):

$f\colon\ x \mapsto y = x^2$

Ohne Angabe der abhängigen Variablen notiert man kürzer:

$f\colon\ x \mapsto x^2$

Manchmal schreibt man auch nur die Funktionsgleichung hin:

$f\colon\ y = x^2$

Häufig nur den Funktionsterm:

$f(x) = x^2$

Und wenn der Name einer Funktion nicht wichtig ist, bleibt sie namenlos, und man sagt „die Funktion $x \mapsto x^2$" oder „die Funktion $y = x^2$".

1.2 Wertetabelle und Graph

Da die Definitionsbereiche reeller Funktionen unendlich viele Zahlen enthalten, kann man nicht alle Wertepaare $(x \mid y)$ einer Funktion angeben. Mithilfe einer **Wertetabelle** erstellt man einen geeigneten Auszug. Häufig wählt man für die Werte der unabhängigen Variablen x dieselbe **Schrittweite Δx**. Ein x-Wert kann dabei **nur einmal** in der Wertetabelle auftauchen (Eindeutigkeit der Funktionsvorschrift). Dagegen kann derselbe y-Wert öfter vorkommen.

Beispiel

Wir nehmen die Funktion $f\colon x \mapsto y = \frac{x^2 + 2x}{x^2 - 1}$ für $x \neq \pm 1$

Für $-2{,}0 \leq x \leq 2{,}0$ erstellen wir eine Wertetabelle mit $\Delta x = 0{,}5$ und geben dabei die Funktionswerte auf 0,01 genau an:

x	−2	−1,5	−1,0	−0,5	0	0,5	1,0	1,5	2,0
y	0,00	−0,60	undef.	1,00	0,00	−1,67	undef.	4,20	2,67

Man bemerkt, dass der y-Wert 0 zweimal in der Wertetabelle vorkommt. Die x-Stellen ±1 sind **Definitionslücken** der Funktion, die Funktion ist dort nicht definiert (im Funktionsterm verschwindet der Nenner).

Einen besseren Eindruck bekommt man durch den **Graphen** (das **Schaubild**) der Funktion. Dazu fasst man die Wertepaare (x | y) als Koordinaten von Punkten P(x | y) auf, trägt **genügend viele** solcher Punkte in ein kartesisches Koordinatensystem ein *(→ Kapitel „Grundlagen", Abschnitt 2)* und verbindet sie durch eine Kurve. Dabei darf man nicht über Definitionslücken hinweg zeichnen.
Das linke Bild zeigt den Graphen der Funktion aus dem obigen Beispiel, das rechte Bild ist ein Beispiel für eine Kurve, die **kein Funktionsgraph** ist. (Jeder x-Wert zwischen −2,5 und 2,5 besitzt zwei y-Werte, was gegen die Eindeutigkeit der Funktionsvorschrift verstößt.)

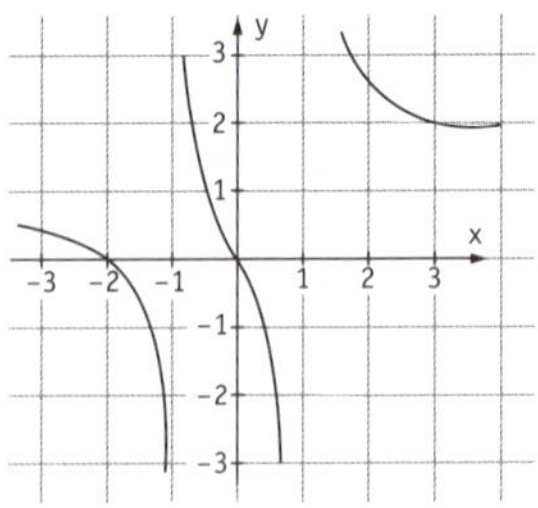

Funktionsgraph zu $f(x) = \frac{x^2 + 2x}{x^2 - 1}$

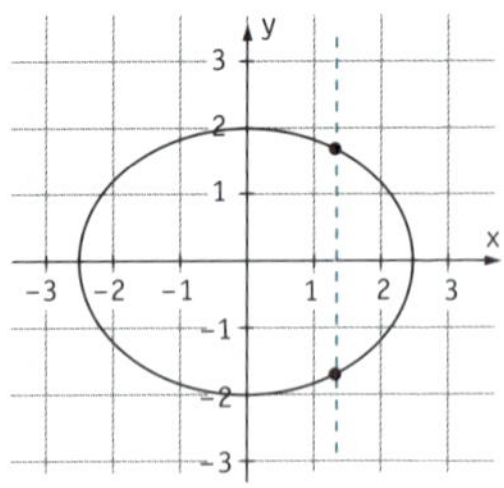

kein Funktionsgraph – bei Funktionsgraphen können zur y-Achse parallele Geraden den Graphen höchstens einmal schneiden.

Mit graphikfähigen Taschenrechnern kann man schnell Wertetabellen erstellen und ein Schaubild der Funktion zeichnen.

2 Elementare Funktionenklassen

2.1 Begriff der ganzrationalen Funktion

Definition der ganzrationalen Funktion

Addition, Subtraktion und Multiplikation bezeichnet man als **ganzrationale Operationen** (man beachte, dass die Division nicht dazugehört).

Entsteht ein Term aus dem Grundterm x und reellen Zahlen durch endlichmalige Anwendung von ganzrationalen Operationen, so nennt man diesen Term einen **ganzrationalen Term** in x über $\mathbb{R}$. Dieser kann durch vollständiges Ausmultiplizieren und Zusammenfassen gleicher Potenzen in ein Polynom über $\mathbb{R}$ umgewandelt werden.

Kann eine Funktion durch einen ganzrationalen Term über $\mathbb{R}$ definiert werden, so heißt sie **ganzrationale Funktion**. Der Grad des zugehörigen Polynoms heißt **Grad** der ganzrationalen Funktion.

Beispiele

Der Term $\left(3x - \frac{3}{2}\right) \cdot 4x - 12(x^2 + \sqrt{5})$ ist ganzrational. Er kann aus x und den reellen Zahlen 3, $\frac{3}{2}$, 4, 12, $\sqrt{5}$ wie folgt erzeugt werden:

Zunächst bildet man mittels Multiplikation $3x$ aus 3 und x, $4x$ aus 4 und x sowie x^2 aus x und x. Jetzt hat man bereits die Terme $3x$, $4x$, x^2. Man bildet dann mittels Subtraktion $3x - \frac{3}{2}$ aus $3x$ und $\frac{3}{2}$ und mittels Addition $x^2 + \sqrt{5}$ aus x^2 und $\sqrt{5}$. Aus $3x - \frac{3}{2}$ und $4x$ kann man jetzt via Multiplikation den Term $\left(3x - \frac{3}{2}\right) \cdot 4x$ und aus 12 und $x^2 + \sqrt{5}$ den Term $12(x^2 + \sqrt{5})$ erzeugen. Mit einer weiteren Subtraktion bekommt man dann $\left(3x - \frac{3}{2}\right) \cdot 4x - 12(x^2 + \sqrt{5})$. Der Term ist also ganzrational in x. Die Umwandlung in ein Polynom ergibt

$$\left(3x - \frac{3}{2}\right) \cdot 4x - 12(x^2+\sqrt{5}) = 12x^2 - 6x - 12x^2 - 12\sqrt{5} = -6x - 12\sqrt{5}.$$

Das Polynom hat den Grad 1. Also ist auch die durch den gegebenen ganzrationalen Term definierte ganzrationale Funktion f vom Grad 1.

Die folgenden Terme (und die durch sie definierten Funktionen) sind alle nicht ganzrational in x: $\sqrt{x - 2}$, $2\sin\left(x + \frac{\pi}{4}\right)$, $\frac{2}{x}$, 3^x (dagegen ist x^3 ganzrational!).

Ganzrationale Terme sind für alle Einsetzungen berechenbar. Es gilt:
Eine ganzrationale Funktion hat $\mathbb{R}$ als maximalen Definitionsbereich.

2.2 Ganzrationale Funktionen vom Grad ≤ 2

Die Begriffe bei Polynomen übertragen sich auf ganzrationale Funktionen. Das Nullpolynom definiert die **Nullfunktion**, konstante, lineare, quadratische oder kubische Polynome definieren entsprechend **konstante**, **lineare**, **quadratische** oder **kubische Funktionen**. Wir untersuchen die Graphen ganzrationaler Funktion vom Grad ≤ 2.

a) **Grad $-\infty$:** $f(x) = 0$ (Nullfunktion)
Die Nullfunktion hat die x-Achse als Funktionsgraph.

b) **Grad 0:** $f(x) = d$ mit $d \neq 0$ konstant
Der Graph ist eine zur x-Achse parallele Gerade, die die y-Achse an der Stelle d schneidet; *(→ Kapitel „Grundlagen", Abschnitt 3.4)*

c) **Grad 1:** $f(x) = mx + d$ mit $m \neq 0$
Der Graph ist eine Gerade mit der Steigung $m \neq 0$ und dem y-Achsenabschnitt d.

a), b) bilden zusammen die konstanten, a), b), c) die linearen Funktionen. Ihre Graphen sind Geraden und wurden im *→ Kapitel „Grundlagen", Abschnitt 3* ausführlich behandelt.

d) **Grad 2:** $f(x) = ax^2 + bx + c$ mit $a \neq 0$ (quadratische Funktion)

Der Graph einer quadratischen Funktion ist eine **Parabel**. Um ihre Lage und Form genauer zu bestimmen, verwendet man die

Scheitelform der Parabel

Jede quadratische Funktion $f(x) = ax^2 + bx + c$ (mit $a, b, c \in \mathbb{R}$; $a \neq 0$) kann mit der Methode der quadratischen Ergänzung auf Scheitelform gebracht werden:

$$f(x) = a(x-u)^2 + v \quad \text{mit} \quad u = -\frac{b}{2a}, \; v = -\frac{b^2 - 4ac}{4a}$$

Die zugehörige Parabel hat ihren Scheitel bei $S(u \mid v)$ und ist

$$\begin{cases} \text{nach oben geöffnet,} & \text{falls } a > 0 \\ \text{nach unten geöffnet,} & \text{falls } a < 0 \end{cases}$$

und verglichen mit dem Graphen von $x \mapsto x^2$

$$\begin{cases} \text{steiler,} & \text{falls } |a| > 1 \\ \text{flacher,} & \text{falls } |a| < 1 \\ \text{kongruent zu ihm,} & \text{falls } |a| = 1 \end{cases}$$

Beispiel

Wir bestimmen Lage und Form der zu $f(x) = -\frac{1}{4}x^2 + x + 2$ gehörigen Parabel. Man errechnet

$$u = -\frac{1}{2 \cdot \left(-\frac{1}{4}\right)} = 2 \quad \text{und } v = -\frac{1^2 - 4 \cdot \left(-\frac{1}{4}\right) \cdot 2}{4 \cdot \left(-\frac{1}{4}\right)} = 3$$

Also hat die Parabel den Scheitel $S(2 \mid 3)$, ist nach unten geöffnet, da $-\frac{1}{4} < 0$, und flacher als der Graph von $x \mapsto x^2$, da $\left|-\frac{1}{4}\right| < 1$.

Das Bild zeigt den Graphen von f (schwarz) und den Graphen von $x \mapsto x^2$ (farbig).

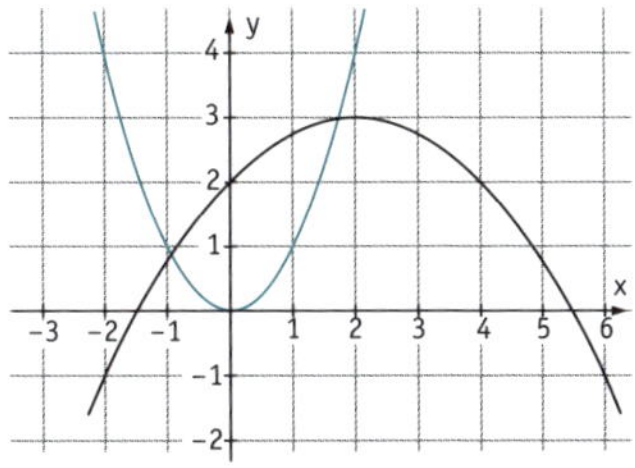

2.3 Potenzfunktionen

Definition der Potenzfunktion

Eine Funktion f, die durch eine Vorschrift $f(x) = x^n$ mit $n \in \mathbb{Z}$ definiert werden kann, heißt Potenzfunktion.

Für $n \geq 0$ ist die Potenzfunktion ganzrational vom Grad n (mit maximalem Definitionsbereich $\mathbb{R}$), für $n < 0$ dagegen nicht ganzrational (mit maximalem Definitionsbereich $\mathbb{R} \setminus \{0\}$).

Im Falle $n = 0$ erhält man $f(x) = x^0$. Für $x = 0$ ist die Funktion zunächst nicht erklärt, da 0^0 nicht definiert ist. Da sie aber für alle $x \neq 0$ konstant 1 ist, legt man, um die Ausnahme $x = 0$ zu beseitigen, fest:

Im Zusammenhang mit der Potenzfunktion $f(x) = x^0$ (und nur hier) interpretiert man $0^0 = 1$.

Damit ist der Graph von $f(x) = x^0 = 1$ eine zur x-Achse parallele Gerade durch den Punkt $(0 \mid 1)$.

Im Folgenden sei $n \neq 0$. Das Verhalten der Potenzfunktionen ist wesentlich von zwei Dingen bestimmt, nämlich ob n positiv oder negativ und ob n gerade oder ungerade ist.

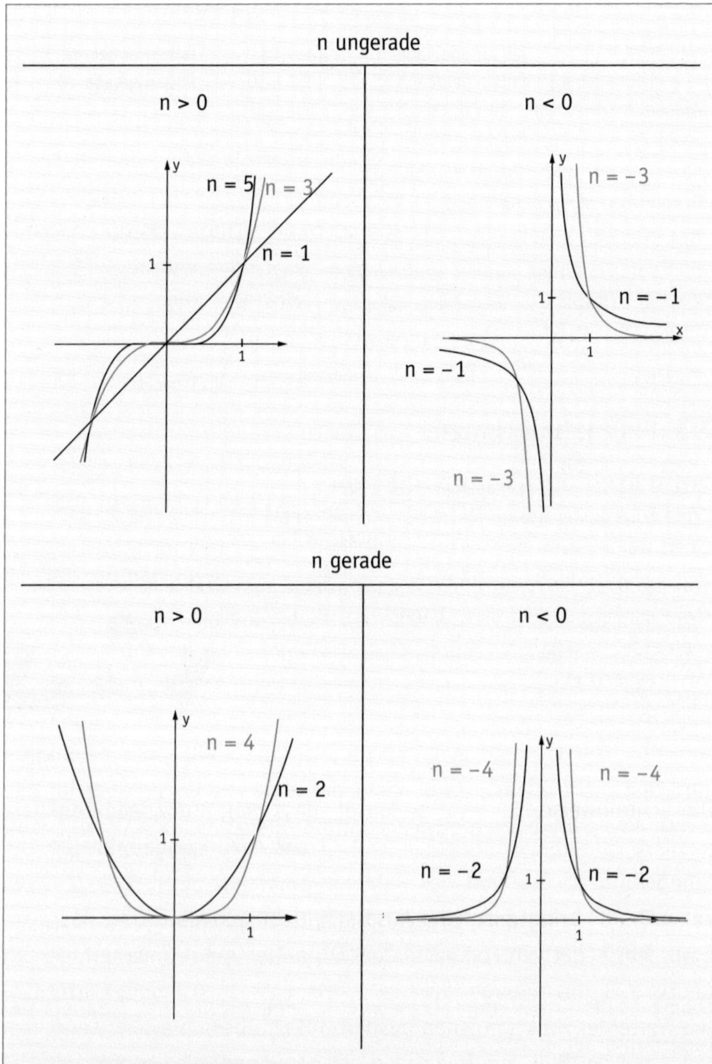

Graph von $f(x) = x^n$

Wir halten die wichtigsten Eigenschaften von $f(x) = x^n$ fest.

$n > 0$	$n < 0$
$D_f = \mathbb{R}$	$D_f = \mathbb{R}\setminus\{0\}$
$W_f = \begin{cases} \mathbb{R} & \text{falls n ungerade} \\ \mathbb{R}_0^+ = [0, \infty[& \text{falls n gerade} \end{cases}$	$W_f = \begin{cases} \mathbb{R}\setminus\{0\} & \text{falls n ungerade} \\ \mathbb{R}^+ =]0, \infty[& \text{falls n gerade} \end{cases}$
$f(1) = 1$ $f(-1) = \begin{cases} -1 & \text{falls n ungerade} \\ 1 & \text{falls n gerade} \end{cases}$	
$f(0) = 0$	$f(x) \to \infty$ für $x \to 0 + 0$ $f(x) \to \begin{cases} -\infty & \text{falls n ungerade} \\ \infty & \text{falls n gerade} \end{cases}$ für $x \to 0 - 0$
$f(x) \to \infty$ für $x \to -\infty$ $f(x) \to \begin{cases} -\infty & \text{falls n ungerade} \\ \infty & \text{falls n gerade} \end{cases}$ für $x \to -\infty$	$f(x) \to 0 + 0$ für $x \to \infty$ $f(x) \to \begin{cases} 0 - 0 & \text{falls n ungerade} \\ 0 + 0 & \text{falls n gerade} \end{cases}$ für $x \to \infty$
Für ein $x \in]0, 1[$ ist $f(x)$ desto kleiner, je größer n ist. Für $x \in]1, \infty[$ ist $f(x)$ desto größer, je größer n ist.	Für ein $x \in]0, 1[$ ist $f(x)$ desto größer, je größer der Betrag von n ist. Für $x \in]1, \infty[$ ist $f(x)$ desto kleiner, je größer der Betrag von n ist.

Für ungerade n ist der Graph von f punktsymmetrisch zum Ursprung, für gerade n dagegen achsensymmetrisch zur y-Achse.

Eigenschaften von $f(x) = x^n$

Die Schreibweise „$x \to \infty$" bedeutet, dass man mit x jede denkbare positive Zahl überschreitet, „$x \to -\infty$" das dazu Spiegelbildliche, bei Spiegelung an der Null des Zahlenstrahls. Mit „$x \to 0 + 0$" bzw. „$x \to 0 - 0$" bringt man zum Ausdruck, dass sich x aus dem Positiven bzw. dem Negativen kommend der Null beliebig gut annähert. So bedeutet z. B. die Aussage „$f(x) \to \infty$ für $x \to 0 - 0$" ausführlich, dass die Werte der Funktion jeden positiven Wert überschreiten, wenn man mit x nur der Null vom Negativen her genügend nahe kommt.

Man studiere die Tabelle, indem man sich die genannten Eigenschaften an den vier Bildern klarmache. Man kann daran sehen, wie die Mathematik bestimmte Eigenschaften von Funktionen wiedergibt. Keinesfalls sollte man die Aussagen der Tabelle auswendig lernen. Stattdessen präge man sich die Bilder ein, die diese Eigenschaften kompakt enthalten. Man kann dann im Bedarfsfall die entsprechende Eigenschaft leicht wiederfinden.

2.4 Wurzelfunktionen

Für $n \in \mathbb{N} = \{1, 2, 3, \ldots\}$ ist die n-te Wurzel die Umkehrung der n-ten Potenz. So ist z. B. $\sqrt[3]{-64} = -4$, weil −4 die einzige Zahl ist, für die $(-4)^3 = -64$ gilt. Dagegen hat man bei $\sqrt[4]{81}$ prinzipiell zwei Möglichkeiten, da $3^4 = (-3)^4 = 81$ gilt. In diesem Fall bestimmt man in der reellen Analysis definitionsgemäß den **positiven** Wert als den Wert der Wurzel, also $\sqrt[4]{81} = 3$. Wie bei Potenzfunktionen ist es also auch hier entscheidend, ob n gerade oder ungerade ist.

Die Wertetabelle einer Wurzelfunktion erhält man sofort aus der Wertetabelle der entsprechenden Potenzfunktion, indem man Ein- und Ausgaben vertauscht.

Wertetabelle der dritten Potenz $x \mapsto y = x^3$

x	−3	−2	−1	0	1	2	3
y	−27	−8	−1	0	1	8	27

Wertetabelle der dritten Wurzel $x \mapsto y = \sqrt[3]{x}$

x	−27	−8	−1	0	1	8	27
y	−3	−2	−1	0	1	2	3

Bei geradem n muss man zuvor (siehe obige Festlegung) die Wertepaare mit negativen Eingaben entfernen.

Wertetabelle der vierten Potenz $x \mapsto y = x^4$

x	−3	−2	−1	0	1	2	3
y	81	16	1	0	1	16	81

Wertetabelle der vierten Wurzel $x \mapsto y = \sqrt[4]{x}$

x	0	1	16	81
y	0	1	2	3

Dem Vertauschen von Ein- und Ausgaben entspricht beim Graphen eine Spiegelung an der Winkelhalbierenden des I. und III. Quadranten. Bei geradem n ist zuvor der linke Ast des Graphen zu entfernen.

n gerade

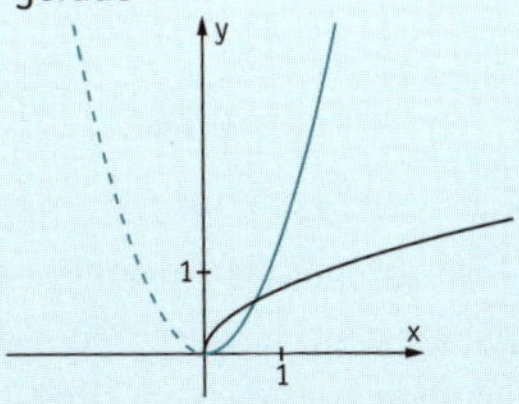

Graph von $x \mapsto \sqrt{x}$ (schwarz)
Graph von $x \mapsto x^2$ (farbig)
Der linke Parabelast wird vor dem Umkehren entfernt.

n ungerade

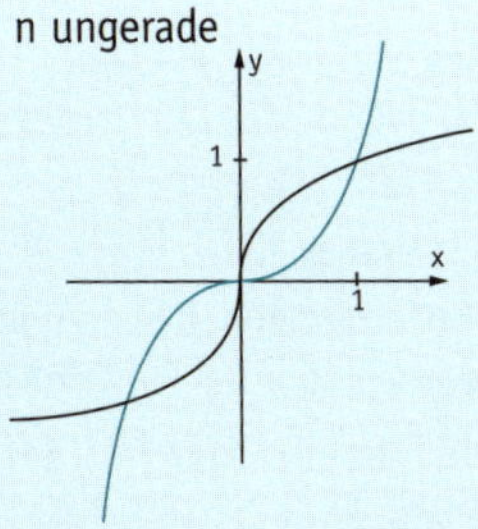

Graph von $x \mapsto \sqrt[3]{x}$ (schwarz)
Graph von $x \mapsto x^3$ (farbig)

Wir halten ein paar Eigenschaften von $f(x) = \sqrt[n]{x}$ fest.

$$D_f = \begin{cases} \mathbb{R} & \text{falls n ungerade} \\ \mathbb{R}_0^+ = [0, \infty[& \text{falls n gerade} \end{cases}$$

$$W_f = \begin{cases} \mathbb{R} & \text{falls n ungerade} \\ \mathbb{R}_0^+ = [0, \infty[& \text{falls n gerade} \end{cases}$$

$f(0) = 0$, $f(1) = 1$

$f(-1) = -1$ (nur falls n ungerade)

$f(x) \to \infty$ für $x \to \infty$

$f(x) \to -\infty$ für $x \to -\infty$ (nur falls n ungerade)

Für ungerades n ist der Graph von f punktsymmetrisch zum Ursprung.

2.5 Abschnittsweise definierte Funktionen, Betragsfunktion, Signumfunktion

Gelegentlich benötigt man Funktionen, die auf den Teilintervallen des Definitionsbereichs durch verschiedene Terme definiert werden **(abschnittsweise definierte Funktionen)**.

Beispiel 1

Wir definieren für $x \in \mathbb{R}$ die Funktion f durch

$$f(x) = \begin{cases} -x - 2 & \text{für } x < -2 \\ 4 - x^2 & \text{für } -2 \leq x \leq 2 \\ x - 3 & \text{für } x > 2 \end{cases}$$

D_f zerfällt in drei Teile: $D_f = \mathbb{R} =]-\infty, -2[\cup [-2, 2] \cup]2, \infty[$. Bei der Definition einer solchen Funktion muss man wegen der Eindeutigkeitsforderung für eine Funktionsvorschrift darauf achten, dass sich die Intervalle nicht überlappen (oder wenn sie es doch tun, dass im Überlappungsbereich die Terme dieselben Werte liefern).

Das Bild zeigt den Graphen von f. Bei $x = 2$ ist der Term $4 - x^2$ zuständig, also ist $(2 | 0)$ ein Punkt des Graphen (ausgefüllt gezeichnet), der Punkt $(2 | -1)$ jedoch nicht (hohl gezeichnet). Diese Schwierigkeit hat man bei $x = -2$ nicht, da $-x - 2$ (nicht zuständig) und $4 - x^2$ (zuständig) denselben Wert, nämlich 0, liefern. Der Graph hat bei $x = -2$ eine Knickstelle und bei $x = 2$ eine Sprungstelle.

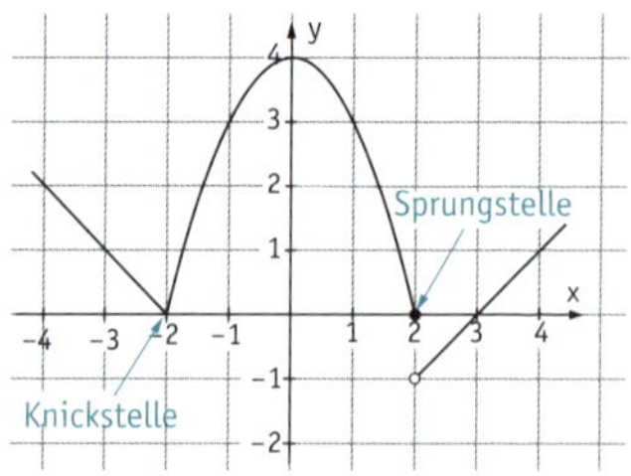

Als wichtigstes Beispiel für eine abschnittsweise definierte Funktion hat man die **Betragsfunktion**.

Definition der Betragsfunktion

Für $x \in \mathbb{R}$ definiert man die Betragsfunktion durch

$$\text{abs: } x \mapsto |x| = \begin{cases} -x & \text{für } x < 0 \\ x & \text{für } x \geq 0 \end{cases}$$

Die Bezeichung abs steht für **absoluter Betrag**.

Die Betragsfunktion nimmt einer Zahl ihr Vorzeichen:
$|0| = 0, \quad |3| = 3, \quad |-7| = -(-7) = 7$

Stets gilt daher: $|x| \geq 0$ **für alle** $x \in \mathbb{R}$; $|x| = 0$ **nur für** $x = 0$

Die **Signumfunktion** (Vorzeichenfunktion) ist das Gegenstück zur Betragsfunktion. Sie reduziert eine Zahl auf ihr Vorzeichen −1 bzw. 0 bzw. +1. Wir haben sie im Vorgriff schon in → *Kapitel „Grundlagen", Abschnitt 3.6* verwendet.

Definition der Signumfunktion

Für $x \in \mathbb{R}$ definiert man die Signumfunktion durch

$$\text{sgn}: x \mapsto \begin{cases} -1 & \text{für } x < 0 \\ 0 & \text{für } x = 0 \\ 1 & \text{für } x > 0 \end{cases}$$

Wenn man einer Zahl ihr Vorzeichen nimmt (Betragsfunktion) und es dann wieder anbringt (Multiplikation mit der Signumfunktion), erhält man die Zahl zurück. Und wenn man eine Zahl mit ihrem Vorzeichen multipliziert, ist es, als würde man dieses entfernen. Es gelten daher

$|x| \cdot \text{sgn}(x) = x$ **für alle** $x \in \mathbb{R}$; $\quad x \cdot \text{sgn}(x) = |x|$ **für alle** $x \in \mathbb{R}$

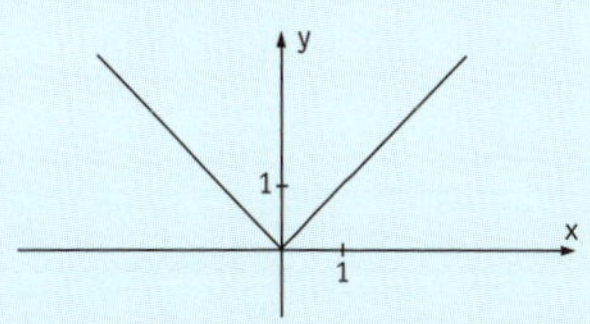

Graph von $x \mapsto |x|$

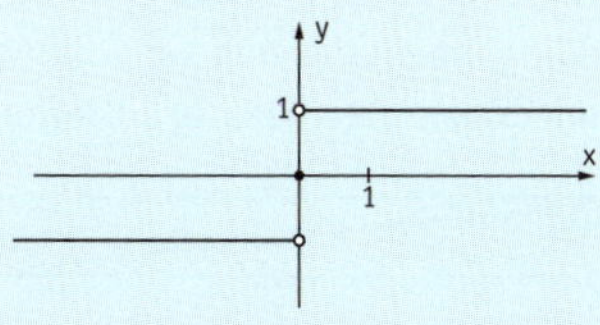

Graph von $x \mapsto \text{sgn}(x)$

Der Graph der Betragsfunktion hat bei $x = 0$ eine Knickstelle, der der Signumfunktion eine Sprungstelle. Weder $(0|-1)$ noch $(0|1)$ gehört zum Graphen der Signumfunktion, dagegen $(0|0)$.

Funktionen mit Beträgen kann man betragsfrei schreiben, indem man eine abschnittsweise Definition herstellt. Dazu zwei Beispiele. Wir beschränken uns dabei auf lineare Terme.

Beispiele 2 und 3

Wir definieren für $x \in \mathbb{R}$ die Funktion g durch $g(x) = |2x - 1|$.

Will man die Betragsstriche entfernen, kommt es auf das Vorzeichen des Terms $T(x) = 2x - 1$ an. Es ist $T(x) < 0$ für $x < \frac{1}{2}$ und entsprechend $T(x) \geq 0$ für $x \geq \frac{1}{2}$. Daher gilt $g(x) = -T(x)$ für $x < \frac{1}{2}$ und $g(x) = T(x)$ für $x \geq \frac{1}{2}$. Man schreibt das übersichtlicherweise in einem so genannten **Struktogramm** auf:

<table>
<tr><td>nein
$x < \frac{1}{2}$</td><td>$2x - 1 \geq 0?$
$x \geq \frac{1}{2}$ ja</td></tr>
<tr><td>$g(x) = -(2x - 1) = -2x + 1$</td><td>$g(x) = 2x - 1$</td></tr>
</table>

Zusammen gilt daher:

$$g(x) = \begin{cases} -2x + 1 & \text{für } x < \frac{1}{2} \\ 2x - 1 & \text{für } x \geq \frac{1}{2} \end{cases}$$

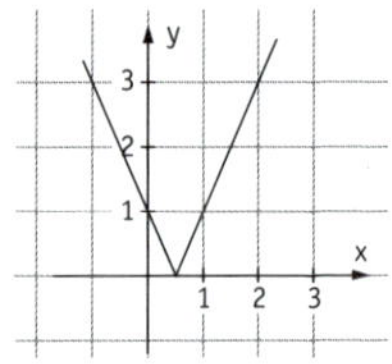

Die Figur zeigt den Graphen von g. Er hat einen Knick bei $x = \frac{1}{2}$.

Um einiges komplizierter ist es bei $h(x) = \big|2x - |x - 3|\big| - x \quad (x \in \mathbb{R})$.

Man löst die Beträge schrittweise von innen nach außen auf und erstellt ein entsprechendes Struktogramm. Den Gültigkeitsbereich des jeweiligen Terms findet man, indem man sich überlegt, für welches Intervall **alle** Bedingungen, die zum Term führen (sie stehen in den rechtwinkligen Dreiecken), **gleichzeitig** zutreffen.

<table>
<tr><td colspan="2">nein
$x < 3$</td><td colspan="2">$x - 3 \geq 0?$
$x \geq 3$ ja</td></tr>
<tr><td colspan="2">$h(x) = |2x - (-(x - 3))| - x$
$= |2x + (x - 3)| - x$
$= |3x - 3| - x$</td><td colspan="2">$h(x) = |2x - (x - 3)| - x$
$= |x + 3| - x$</td></tr>
<tr><td>nein
$x < 1$</td><td>$3x - 3 \geq 0?$
$x \geq 1$ ja</td><td>nein
$x < -3$</td><td>$x + 3 \geq 0?$
$x \geq -3$ ja</td></tr>
<tr><td>$h(x) = -(3x - 3) - x$
$= -4x + 3$</td><td>$h(x) = (3x - 3) - x$
$= 2x - 3$</td><td></td><td>$h(x) = (x + 3) - x$
$= 3$</td></tr>
</table>

Zu $h(x) = -4x + 3$ führen $x < 3$ und $x < 1$. Intervall: $]-\infty, 1[$

Zu $h(x) = 2x - 3$ führen $x < 3$ und $x \geq 1$. Intervall: $[1, 3[$

$x \geq 3$ und $x < -3$ können nicht gleichzeitig zutreffen (unmöglicher Fall). Daher wurde der betreffende Term gar nicht erst berechnet.

Zu $h(x) = 3$ führen $x \geq 3$ und $x \geq -3$.
Man erhält das Intervall: $[3, \infty[$.

Zusammen gilt daher:

$$h(x) = \begin{cases} -4x + 3 & \text{für } x < 1 \\ 2x - 3 & \text{für } 1 \leq x < 3 \\ 3 & \text{für } x \geq 3 \end{cases}$$

Die Figur zeigt den Graphen von h.
Knickstellen befinden sich bei $x = 1$ und $x = 3$.

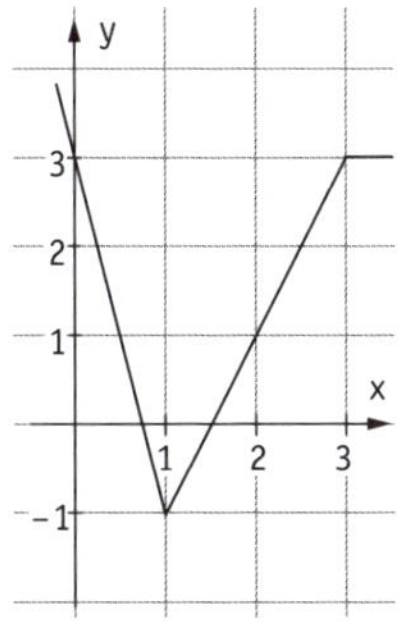

Reelle Funktionen

2.6 Operationen auf Funktionen

Funktionswerte sind reelle Zahlen. Diese kann man addieren, subtrahieren, multiplizieren oder dividieren **(rationale Operationen)**. Auf diese Zahlenoperationen führt man die Operationen mit Funktionen zurück.

Rationale Operationen auf Funktionen

Die Funktionen f und g mögen einen gemeinsamen Definitionsbereich haben: $D = D_f = D_g$. Dann versteht man unter der **Summe**, **Differenz**, dem **Produkt** bzw. **Quotienten** von f und g die für alle $x \in D$ folgendermaßen definierten Funktionen:

$f + g$: $x \mapsto f(x) + g(x)$

$f - g$: $x \mapsto f(x) - g(x)$

$f \cdot g$: $x \mapsto f(x) \cdot g(x)$

$\frac{f}{g}$: $x \mapsto \frac{f(x)}{g(x)}$

Im letzten Fall muss noch $g(x) \neq 0$ für alle $x \in D$ gefordert werden (Verbot der Division durch 0).

Der Kern der Definition ist, dass, beispielsweise bei der Summe, $(f + g)(x) = f(x) + g(x)$ **für alle** $x \in D$ gilt. Erst dadurch wird $f + g$ zu einer Funktion.

Beispiel 1

Wir definieren f und g für $x \in \mathbb{R}_0^+ = [0, \infty[$ durch $f(x) = x^2 - 2$ bzw. $g(x) = \sqrt{x}$. Dann gelten:

$(f + g)(x) = x^2 - 2 + \sqrt{x}$,

$(f - g)(x) = x^2 - 2 - \sqrt{x}$

$(f \cdot g)(x) = (x^2 - 2) \cdot \sqrt{x}$,

und zwar für alle $x \in \mathbb{R}_0^+$. Der Quotient kann nicht definiert werden, da für $x = 0$ der Nenner $g(x)$ null würde. Wenn man allerdings den Definitionsbereich von f und g auf $\mathbb{D} = \mathbb{R}^+ =]0, \infty[$ **restringiert** (eingeschränkt), ist auch die Division möglich. Streng genommen werden dadurch neue Funktionen definiert, denn der Definitionsbereich einer Funktion ist ein konstitutiver Bestandteil derselben. Es ist dennoch üblich, die Funktionsnamen beizubehalten.

$$\left(\frac{f}{g}\right)(x) = \frac{x^2 - 2}{\sqrt{x}} \quad \text{für } x \in \mathbb{R}^+$$

Zwischen Funktionen kann man eine weitere Operation erklären, die kein Äquivalent bei Zahlen hat, die so genannte **Verkettung** (auch **Hintereinanderschaltung** oder **Komposition**).

Verkettung von Funktionen

Die Funktionen f und g seien so bestimmt, dass der Wertebereich von g Teilmenge des Definitionsbereichs von f ist: $W_g \subseteq D_f$. Dann versteht man unter der Verkettung $f \circ g$ (lies: „f nach g") die für alle $x \in D_g$ folgendermaßen definierte Funktion:

$f \circ g: \; x \mapsto f(g(x))$

Was also g für den Wert x ausgibt, nimmt f als Eingabe entgegen und berechnet seinerseits die Ausgabe, und der Gesamtprozess ist die Verkettung. Die folgende Skizze mit einigen gebräuchlichen Bezeichnungen soll das veranschaulichen.

$$x \overset{g}{\longmapsto} t = g(x) \overset{f}{\longmapsto} y = f(t) = f\,(g(x))$$

$f \circ g$

Verkettung „f nach g"

äußere Funktion (f) innere Funktion (g(x))

Die Präposition „nach" ist hier gewissermaßen zeitlich zu verstehen, im Sinne der Reihenfolge: zuerst wird g ausgeführt, mit dessen Ausgaben dann f (daher die Forderung $W_g \subseteq D_f$). Das Verfahren, um aus den Funktionstermen von f und g den von $f \circ g$ zu erhalten, ist die **Substitution** (Ersetzung).

Beispiele

Beispiel 2

Wir bestimmen die Verkettung der Funktionen f und g mit

$$f(x) = \sqrt{x} \quad \text{für} \quad x \in D_f = \mathbb{R}^+, \qquad g(x) = \frac{1}{x} \quad \text{für} \quad x \in D_g = \mathbb{R}^+.$$

Zunächst stellt man fest, dass g nur positive Werte liefert (Kehrzahlen positiver Zahlen sind positiv), so dass man f auf die Ausgaben von g anwenden kann ($W_g \subseteq D_f$).

f: $y = \sqrt{x}$

$y = \sqrt{}$ ← $g(x) = \frac{1}{x}$

$f \circ g$: $y = \sqrt{\frac{1}{x}}$

Es gilt damit $(f \circ g)(x) = \sqrt{\frac{1}{x}}$

Die umgekehrte Verkettung ist ebenfalls möglich, da auch f nur positive Werte liefert (Wurzeln positiver Zahlen sind positiv), die als Eingaben für g taugen ($W_f \subseteq D_g$).

g: $y = \frac{1}{x}$

$y = \frac{1}{}$ ← $f(x) = \sqrt{x}$

$g \circ f$: $y = \frac{1}{\sqrt{x}}$

Es gilt damit $(g \circ f)(x) = \frac{1}{\sqrt{x}}$

Wegen $\sqrt{\frac{1}{x}} = \frac{1}{\sqrt{x}}$ folgt:

$(f \circ g)(x) = (g \circ f)(x)$ **für alle $x \in \mathbb{R}^+$**, also kurz: $f \circ g = g \circ f$, denn zwei Funktionen, die denselben Definitionsbereich besitzen und auf allen Eingaben dieselben Wirkungen haben, gelten als gleich.

Die Gleichheit von $f \circ g$ und $g \circ f$ hier ist aber **reiner Zufall**, wie schon das nächste Beispiel lehrt.

Beispiel 3

Wir bestimmen die Verkettung der Funktionen f und g, wobei

$f(x) = |x| + 1$ mit $D_f = \mathbb{R}$, $g(x) = \sqrt{x-1}$ mit $D_g = [1, \infty[$

Die Verkettung $f \circ g$ ist sicher möglich, da f ja jede Eingabe akzeptiert ($D_f = \mathbb{R}$). Aber auch die umgekehrte Verkettung $g \circ f$ ist möglich, denn wegen $|x| \geq 0$ gilt $f(x) \geq 1$ für alle $x \in \mathbb{R}$, und für solche Zahlen ist g definiert.

Die Substitution ergibt für $f \circ g$

f: $y = |x| + 1$

$g(x) = \sqrt{x-1}$

$y = |\quad| + 1$

$f \circ g$: $y = |\sqrt{x-1}| + 1 = \sqrt{x-1} + 1$

Man beachte, dass am Schluss die Betragsstriche entfallen können, da Quadratwurzeln nie negativ sind. Es ist also $(f \circ g)(x) = \sqrt{x-1} + 1$.
Und bei $g \circ f$ erhält man:

g: $y = \sqrt{x-1}$

$f(x) = |x| + 1$

$y = \sqrt{\quad - 1}$

$g \circ f$: $y = \sqrt{|x| + 1 - 1} = \sqrt{|x|}$

Abgesehen davon, dass schon wegen der Verschiedenheit der Definitionsbereiche ($D_{f \circ g} = [1, \infty[$ und $D_{g \circ f} = \mathbb{R}$) die Funktionen nicht gleich sein können, selbst dort, wo sie beide zugleich definiert sind, stimmen sie nicht überein;

z. B. $(f \circ g)(2) = \sqrt{2-1} + 1 = 2,$

dagegen $(g \circ f)(2) = \sqrt{|2|} = \sqrt{2}.$

Es kommt bei einer Verkettung im Allgemeinen also auf die Reihenfolge der Verkettungsglieder an.

Die Verkettung von Funktionen ist nicht kommutativ.

Beispiel 4

Die Verkettung $f \circ g$ der Funktionen f und g, wobei

$f(x) = \sqrt{x}$ mit $D_f = \mathbb{R}_0^+$, $g(x) = -x^4 - x^2 - 1$ mit $D_g = \mathbb{R}$,

ist nicht möglich, da g nur negative Werte ausgibt (gerade Exponenten), f aber nur Werte ≥ 0 akzeptiert. Für $g \circ f$ dagegen erhält man:

g: $y = -x^4 - x^2 - 1$ $\quad f(x) = \sqrt{x}$

$y = -(\ \ )^4 - (\ \ )^2 - 1$

$g \circ f$: $y = -(\sqrt{x})^4 - (\sqrt{x})^2 - 1 = -x^2 - x - 1$

Stetigkeit und Grenzwert

Für ein tieferes Verständnis der Analysis ist die Stetigkeit von Funktionen ein zentraler Begriff. Dem Anfänger erschließt sich jedoch oft nicht der tiefere Sinn dahinter, die Beispiele für unstetige Funktionen erscheinen ihm künstlich. Wir verzichten daher auf die strenge und nicht ganz leicht zu verstehende ε-δ-Definition der Stetigkeit und versuchen stattdessen, eine Vorstellung von Stetigkeit zu vermitteln, die den exakten Begriff hinreichend gut trifft, für die Belange der Schule aber vollkommen ausreicht.

1 Stetigkeit

Schlagwortartig könnte man sagen: Stetigkeit bedeutet „kleine Ursache, kleine Wirkung", Unstetigkeit dagegen „kleine Ursache, große Wirkung".

1.1 Beschreibung des Stetigkeitsbegriffs

Wir greifen das Beispiel 1 aus → *„Reelle Funktionen", Abschnitt 2.5* wieder auf. Dort betrachteten wir die Funktion f mit $D_f = \mathbb{R}$ und der Vorschrift

$$f(x) = \begin{cases} -x-2 & \text{für } x < -2 \\ 4-x^2 & \text{für } -2 \le x \le 2 \\ x-3 & \text{für } x > 2 \end{cases}$$

Wir interessieren uns zunächst für die Sprungstelle $x_0 = 2$. Dazu erstellen wir eine Wertetabelle mit Argumenten, die von x_0 nur eine geringe Abweichung Δx haben. Man beachte, dass rechts von 2 der Term $x - 3$ und links von und bei 2 der Term $4 - x^2$ zuständig ist.

kleine Ursache | **kleine** Ursache

Δx	−0,1	−0,01	−0,001	…	0	…	+0,001	+0,01	+0,1
x	1,9	1,99	1,999	…	2	…	2,001	2,01	2,1
y	0,39	0,040	0,004	…	0	…	−0,999	−0,99	−0,9

kleine Wirkung | **große** Wirkung

Geringe Abweichungen nach rechts von $x_0 = 2$ führen bei den Funktionswerten zu großen Abweichungen von $y_0 = 0$. Der Sprung der Höhe 1 kann nicht stetig überbrückt werden (→ *Graph in „Reelle Funktionen", Abschnitt 2.5*). Bei Abweichungen nach links zeigt sich die Funktion jedoch „vernünftig". Geringe Abweichungen nach links von $x_0 = 2$ verursachen auch nur geringe Abweichungen von $y_0 = 0$. f ist bei $x_0 = 2$ unstetig von rechts, hingegen stetig von links. Insgesamt, sagt man, ist f unstetig bei $x_0 = 2$. Jetzt betrachten wir die Stelle $x_0 = -1$ und erstellen eine entsprechende Wertetabelle.

kleine Ursache kleine Ursache

Δx	−0,1	−0,01	−0,001	...	−0	...	+0,001	+0,01	+0,1
x	−1,1	−1,01	−1,001	...	−1	...	−0,999	−0,99	−0,9
y	2,79	2,980	2,998	...	3	...	3,002	3,020	3,19

kleine Wirkung kleine Wirkung

Kleine Abweichungen von $x_0 = -1$ nach links wie nach rechts führen auch bei den y-Werten nur zu geringen Abweichungen von $y_0 = 3$. Die Funktion ist bei $x_0 = -1$ also stetig von links wie von rechts, und damit insgesamt stetig bei $x_0 = -1$. Auch an allen anderen Stellen x_0, für die bei der Stelle und links und rechts der Stelle nur **ein** Term zuständig ist, ist f stetig. Interessant wäre daher nur noch die Stelle $x_0 = -2$. Man überlege sich anhand einer Tabelle wie oben, dass f im Unterschied zu $x_0 = 2$ an der Stelle $x_0 = -2$ jedoch stetig ist. $x_0 = 2$ ist also die einzige Unstetigkeitsstelle von f.

Wir geben nun eine allgemeine

Beschreibung der Stetigkeit

Die Funktion f mit Definitionsbereich D_f sei an der Stelle x_0 definiert.

Man nennt f stetig bei x_0, wenn beliebig kleine Abweichungen von x_0 innerhalb von D_f auch bei den Funktionswerten nur zu beliebig kleinen Abweichungen von $y_0 = f(x_0)$ führen.

Wenn f bei jedem $x_0 \in D_f$ stetig ist, nennt man die Funktion als ganze stetig.

Damit man auch beliebig kleine Abweichungen von x_0 vornehmen kann, ist es erforderlich, dass x_0 kein isolierter Punkt von D_f ist (an solchen Stellen sind Funktionen immer stetig), sondern dass D_f ein ganzes Intervall I enthält mit x_0 als innerem Punkt oder Randpunkt von I. Dieser Zusammenhang wird in der obigen Beschreibung unausgesprochen unterstellt.

Wenn man nur kleine Abweichungen von x_0 nach links (bzw. rechts) vorgibt, erhält man entsprechend den Begriff der **Stetigkeit von links** (bzw. **rechts**). Ist f rechts von x_0 gar nicht definiert, so fallen die Begriffe Stetigkeit und Stetigkeit von links zusammen. Analoges gilt umgekehrt, wenn f links von x_0 nicht definiert ist. Ansonsten bedeutet Stetigkeit so viel wie gleichzeitige Stetigkeit von rechts und links.

1.2 Sätze über stetige Funktionen

Da die Grundrechenarten unempfindlich gegenüber kleinen Änderungen der Operanden sind, gilt der Satz über die

Fortpflanzung von Stetigkeit bei +, −, ·, :

Sind die Funktionen f und g bei x_0 stetig, so auch (sofern sie definiert sind) die Funktionen $f+g$, $f-g$, $f \cdot g$ und $\frac{f}{g}$.

In → *„Reelle Funktionen", Abschnitt 2.1* definierten wir ganzrationale Terme und Funktionen. Wenn man in der dortigen Definition neben Addition, Subtraktion und Multiplikation auch die Division zulässt, erhält man den Begriff des **rationalen Terms** und der **rationalen Funktion**. Da die Funktion $x \mapsto x$ (**Identität**) und die konstanten Funktionen $x \mapsto c$ offensichtlich stetig sind, man die rationalen Funktion aus diesen aber durch endlichmalige Anwendung von +, −, ·, : erzeugen kann, folgt mit dem obigen Satz sofort die:

Stetigkeit der rationalen Funktionen

Alle rationalen, insbesondere also auch ganzrationalen Funktionen sind in ihrem gesamten Definitionsbereich stetig.

Man beachte, dass z. B. die Funktion in → *Abschnitt 1.1* nicht ganzrational ist, obwohl sie auf ihren Teilintervallen durch ganzrationale Terme definiert ist. Es gibt aber keinen ganzrationalen Term, der für das ganze Definitionsgebiet zuständig ist.

Stetigkeit verträgt sich auch mit dem Verketten.

Fortpflanzung von Stetigkeit beim Verketten

Ist die Funktion g stetig an der Stelle x_0 und die Funktion f stetig an der Stelle $g(x_0)$, so ist (sofern die Verkettung möglich ist) auch $f \circ g$ stetig bei x_0.

Für den folgenden Satz geben wir zunächst die

Definition der Nullstelle einer Funktion

$c \in \mathbb{R}$ heißt Nullstelle der Funktion f, falls $f(c) = 0$ ist.

Bei einer Nullstelle schneidet der Graph von f die Abszissenachse.

Zwischenwertsatz von Bolzano

Fassung I

Enthält der Definitionsbereich der stetigen Funktion f das Intervall $I = [a, b]$ und besitzen $f(a)$ und $f(b)$ verschiedene Vorzeichen, so hat f in I mindestens eine Nullstelle.

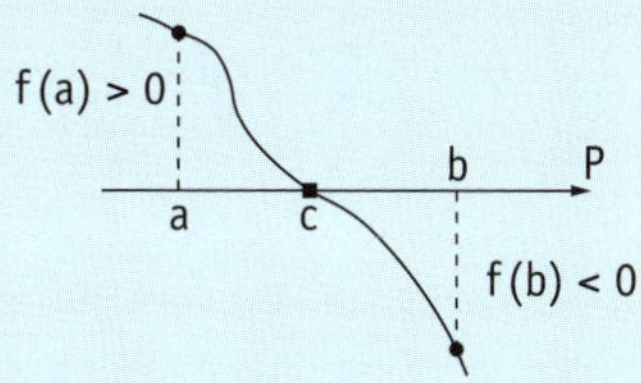

Gleichwertig damit ist die

Fassung II

Enthält der Definitionsbereich der stetigen Funktion f das Intervall I und hat f in I keine Nullstelle, so besitzen die Funktionswerte in I alle dasselbe Vorzeichen.

Beispiele

Beispiel 1

Für die ganzrationale und damit stetige Funktion $f(x) = x^3 + 2x^2 - 3x - 6$ gilt $f(1) = -6 < 0$ und $f(2) = 4 > 0$. Also besitzt f im Intervall [1, 2] eine Nullstelle c. (In Beispiel 3 im *Kapitel „Polynome", Abschnitt 3.3* hatten wir gesehen, dass dies $c = \sqrt{3}$ ist.)

Beispiel 2

$-3, -1, 1, 2$ sind alle Nullstellen von $f(x) = x^4 + x^3 - 7x^2 - x + 6$ *(→ Kapitel „Polynome", Abschnitt 3.3; Beispiel 5)*. In den Intervallen $I_1 =]-\infty, -3[$, $I_2 =]-3, -1[$, $I_3 =]-1, 1[$, $I_4 =]1, 2[$ und $I_5 =]2, \infty[$ besitzt f folglich keine Nullstellen. Als stetige Funktion ändert f in den Intervallen I sein Vorzeichen daher nicht. Um dieses zu bestimmen, genügt es, das Vorzeichen von $f(x_0)$ für ein einziges $x_0 \in I$ zu ermitteln:

Intervall	I_1	I_2	I_3	I_4	I_5
sgn(f(x))	+1	−1	+1	−1	+1

z. B. für I_2: $f(-2) = -12 < 0$

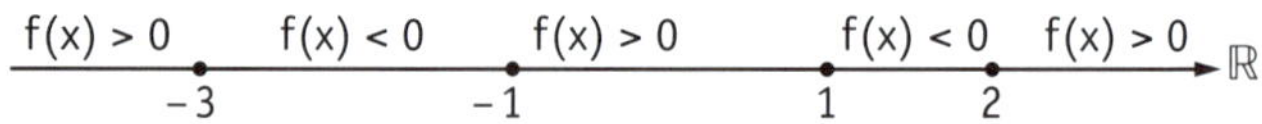

Diese Methode, das Vorzeichen einer Funktion zu bestimmen, ist entscheidend für die spätere Kurvendiskussion.

Im Zwischenwertsatz sind die Voraussetzungen „stetig" und „Intervall" wesentlich, wie die beiden folgenden Figuren zeigen.

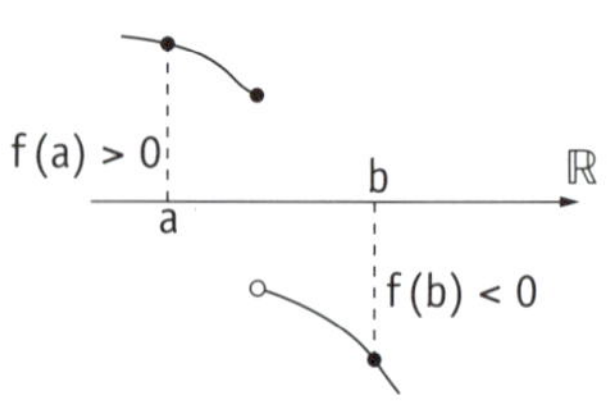

f ist im Intervall [a, b] definiert, aber nicht stetig.
f besitzt keine Nullstelle.

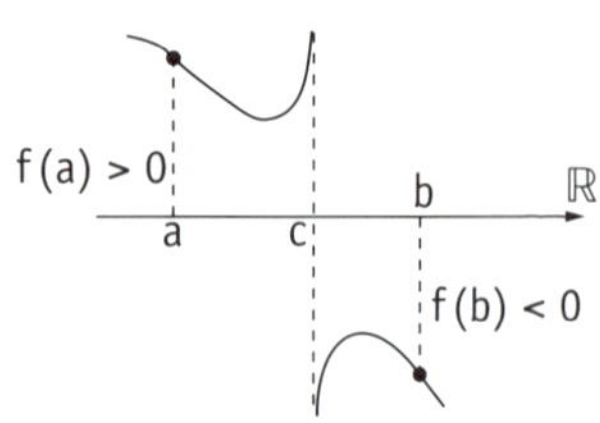

f ist stetig, aber im Intervall [a, b] bei c nicht definiert.
f besitzt keine Nullstelle.

2 Grenzwert

Den Grenzwert (auch Limes) einer Funktion für $x \to a$ zu berechnen, bedeutet vereinfacht gesagt, den eventuell „besseren Funktionswert" zu finden, nämlich den, der die Funktion bei a stetig macht.

2.1 Grenzwerte für $x \to a$ mit $a \in \mathbb{R}$

Eigentlicher Grenzwert für $x \to a$ mit $a \in \mathbb{R}$

$a \in \mathbb{R}$ sei Randpunkt oder innerer Punkt eines Intervalls, das zum Definitionsbereich D_f der Funktion f gehört. (An der Stelle a selbst kann die Funktion definiert sein, braucht es aber nicht.)

Wenn es eine Zahl $b \in \mathbb{R}$ gibt, so dass die für $x \in D_f$ definierte Funktion $\hat{f}$ mit

$$\hat{f}(x) = \begin{cases} f(x) & \text{für } x \neq a \\ b & \text{für } x = a \end{cases}$$

an der Stelle a stetig ist, so sagt man „der Grenzwert von $f(x)$ für $x \to a$ existiert eigentlich mit Wert b" und schreibt:

$$\lim_{x \to a} f(x) = b \quad \text{oder} \quad f(x) \to b \text{ für } x \to a$$

Falls $f(x)$ bei a gar nicht definiert war, heißt $\hat{f}$ stetige Ergänzung von $f(x)$ bei $x = a$.

Falls $\hat{f}$ stetig von links bzw. rechts ist, heißt b linksseitiger bzw. rechtsseitiger Grenzwert. Man schreibt:

$$\lim_{x \to a-0} f(x) = b \quad (\text{oder } f(x) \to b \text{ für } x \to a-0) \quad \text{bzw.}$$

$$\lim_{x \to a+0} f(x) = b \quad (\text{oder } f(x) \to b \text{ für } x \to a+0)$$

Statt $x \to a - 0$ findet man auch $x \overset{<}{\to} a$ oder $x \uparrow a$ und statt $x \to a + 0$ auch $x \overset{>}{\to} a$ oder $x \downarrow a$ als Schreibweisen.

Wir machen uns diese nicht einfach zu verstehende Definition an ein paar Beispielen klar. Wir verzichten dabei bewusst auf Rechnungen, damit der Blick für das Wesentliche frei ist.

Beispiel 1

Wir beginnen mit dem Fall, dass die Funktion f an der Stelle a stetig ist (linkes Bild). Gesucht ist nun ein Wert b, so dass die Funktion $\hat{f}$ (die für $x \neq a$ mit f übereinstimmt) mit diesem b als Funktionswert an der Stelle a stetig ist. Da aber f bei a bereits stetig ist, muss man b als $\hat{f}(a)$ wählen, und f und $\hat{f}$ stimmen auch bei $x = a$ und somit insgesamt überein: $f = \hat{f}$. Der Grenzwert von f(x) für $x \to a$ existiert und ist gleich dem Funktionswert f(a).

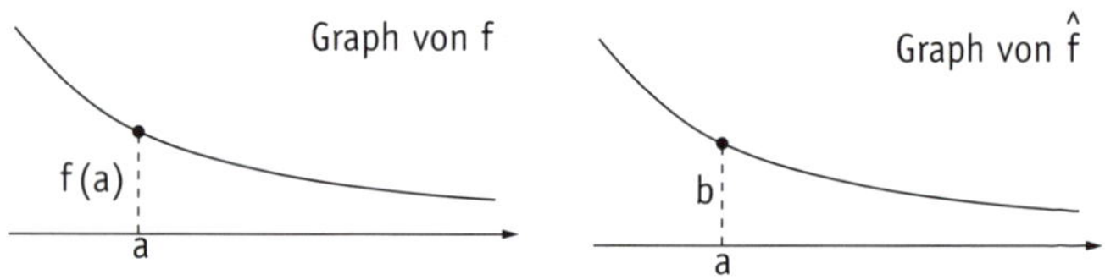

Dies erscheint recht merkwürdig. Wozu der ganze Aufwand, wenn sich sowieso nichts ändert? In der Tat ist der Fall der Stetigkeit bei a auch der uninteressante Fall. Er zeigt aber immerhin die Gültigkeit des folgenden Satzes.

Zusammenhang Stetigkeit – Grenzwert

Eine Funktion f ist an der Stelle a dann und nur dann stetig, wenn der Grenzwert für $x \to a$ existiert und mit dem Funktionswert übereinstimmt; kurz:

f stetig an der Stelle a $\Leftrightarrow \lim\limits_{x \to a} f(x) = f(a)$

In den folgenden Beispielen ist die Funktion bei $x = a$ nicht definiert.

Beispiele

Beispiel 2

Gesucht ist in der nächsten Figur ein b, so dass $\hat{f}$ (welches für $x \neq a$ mit f übereinstimmt) mit b als Funktionswert an der Stelle a stetig wird. Offenbar geht das nicht. Es gelingt einem nicht, „das Loch zu stopfen" und Stetigkeit zu erzwingen. Der Grenzwert von f(x) für $x \to a$ existiert nicht.

Welche Ordinate b soll man nehmen? Mit keiner erzwingt man die Stetigkeit von f: $\lim\limits_{x \to a} f(x)$ existiert nicht

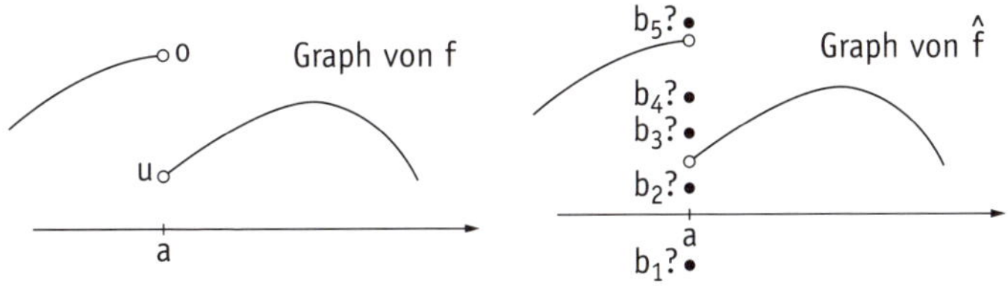

Allerdings existiert der linksseitige Grenzwert (wenn man sich nämlich für das „obere Loch" o als $\hat{f}(a)$ entscheidet, wird $\hat{f}$ stetig von links) und auch der rechtsseitige (wenn man sich für das „untere Loch" u als $\hat{f}(a)$ entscheidet, wird $\hat{f}$ stetig von rechts):

$\lim\limits_{x \to a-0} f(x) = o,\ \lim\limits_{x \to a+0} f(x) = u,$ aber: $o \neq u$

Beispiel 3

In diesem Beispiel kann man das „Loch stopfen", wenn man $\hat{f}(a) = b$ festlegt.

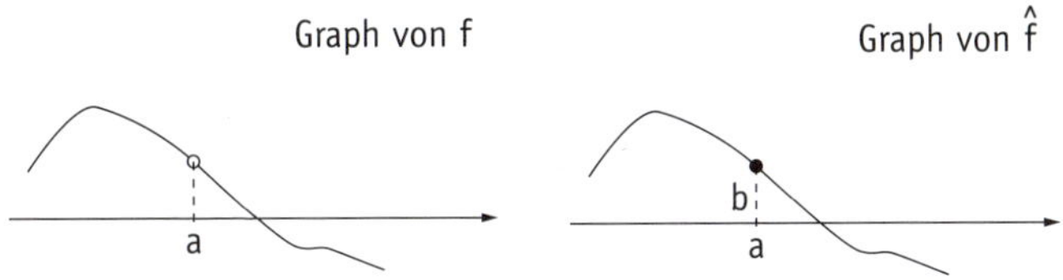

$$\lim_{x \mapsto a} f(x) = b$$

Beispiel 4

Wir kehren noch einmal zurück zur Funktion aus → *Beschreibung des Stetigkeitsbegriffs:*

$$f(x) = \begin{cases} -x - 2 & \text{für } x < -2 \\ 4 - x^2 & \text{für } -2 \le x \le 2 \\ x - 3 & \text{für } x > 2 \end{cases}$$

Dort stellten wir fest, dass f überall außer bei $x = 2$ stetig ist. Also gilt z. B. $\lim\limits_{x \to -4} f(x) = f(-4) = 2$ oder $\lim\limits_{x \to -2} f(x) = f(-2) = 0$.
Bei $x = 2$ gilt:

$\lim\limits_{x\to 2-0} f(x) = 0$, denn $\hat{f}(x) = \begin{cases} f(x) & \text{für } x \neq 2 \\ 0 & \text{für } x = 2 \end{cases}$ ist bei 2 linksseitig stetig

$\lim\limits_{x\to 2+0} f(x) = -1$, denn $\hat{f}(x) = \begin{cases} f(x) & \text{für } x \neq 2 \\ -1 & \text{für } x = 2 \end{cases}$ ist bei 2 rechtsseitig stetig

Offenbar erhält man diese Grenzwerte, wenn man 2 in die Terme einsetzt, die links bzw. rechts von 2 zuständig sind (unabhängig davon, welcher Term bei 2 selber zuständig ist).

Der Grenzwert für $x \to 2$ existiert natürlich nicht.

Wir kommen jetzt zu uneigentlichen Grenzwerten:

Uneigentlicher Grenzwert für $x \to a$ mit $a \in \mathbb{R}$

$a \in \mathbb{R}$ sei Randpunkt oder innerer Punkt eines Intervalls, das zum Definitionsbereich D_f der Funktion f gehört. (Ob f bei a definiert ist, ist unerheblich.)

Wenn bei Annäherung von x an a ($x \neq a$) die Funktionswerte f(x) dem Betrage nach über alle Grenzen ins Positive bzw. Negative anwachsen, dann, sagt man, „hat f(x) für $x \to a$ einen uneigentlichen Grenzwert mit dem Wert ∞ bzw. $-\infty$". Man schreibt:

$\lim\limits_{x\to a} f(x) = \infty$ oder $f(x) \to \infty$ für $x \to a$

bzw.

$\lim\limits_{x\to a} f(x) = -\infty$ oder $f(x) \to -\infty$ für $x \to a$

Führt man in dieser Definition die Annäherung an a nur von links bzw. nur von rechts durch, so erhält man entsprechend einen linksseitigen bzw. rechtsseitigen uneigentlichen Grenzwert.

Beispiel 5

Die einfachsten Beispiele sind die Potenzfunktionen $x \mapsto x^n$ mit negativem $n \in \mathbb{Z}$ beim Grenzübergang $x \to 0$. Man studiere noch einmal ihre Graphen in → *Potenzfunktionen* Es gilt z. B.

$\lim\limits_{x\to 0+0} \frac{1}{x} = \infty$, $\lim\limits_{x\to 0-0} \frac{1}{x} = -\infty$, $\lim\limits_{x\to 0+0} \frac{1}{x^2} = \infty$, $\lim\limits_{x\to 0-0} \frac{1}{x^2} = \infty$

2.2 Grenzwerte für $x \to \infty$ bzw. $x \to -\infty$

Nach der ausführlichen Einführung in den Grenzwertbegriff im → *„Abschnitt 2.1"* fassen wir uns nun kürzer.

Grenzwert für $x \to \infty$ ($x \to -\infty$)

Wenn die Funktionswerte $f(x)$ der reellen Zahl b beliebig nahe kommen, sobald x über alle Grenzen ins Positiv-Unendliche wächst, so sagt man, „existiert der eigentliche Grenzwert von $f(x)$ für $x \to \infty$ mit dem Wert b" und schreibt:

$$\lim_{x \to \infty} f(x) = b \quad \text{oder} \quad f(x) \to b \quad \text{für} \quad x \to \infty$$

Wenn dagegen die Funktionswerte $f(x)$ auch über alle Grenzen ins Positive bzw. Negative anwachsen, so sagt man, „hat $f(x)$ für $x \to \infty$ den **uneigentlichen** Grenzwert ∞ bzw. $-\infty$" und schreibt

$$\lim_{x \to \infty} f(x) = \infty \quad \text{oder} \quad f(x) \to \infty \quad \text{für} \quad x \to \infty \quad \text{bzw.}$$

$$\lim_{x \to \infty} f(x) = -\infty \quad \text{oder} \quad f(x) \to -\infty \quad \text{für} \quad x \to \infty$$

Ganz entsprechend definiert man den eigentlichen bzw. uneigentlichen Grenzwert für $x \to -\infty$, indem man x über alle Grenzen ins Negativ-Unendliche gehen lässt.

Beispiel

Wir nehmen wieder die Funktionen $x \mapsto x^n$ ($n \in \mathbb{Z}$). Es gilt z. B.

$$\lim_{x \to \infty} \frac{1}{x} = 0 + 0, \quad \lim_{x \to -\infty} \frac{1}{x} = 0 - 0, \quad \lim_{x \to \infty} x^3 = \infty, \quad \lim_{x \to -\infty} x^3 = -\infty$$

$$\lim_{x \to \infty} x^4 = \infty, \quad \lim_{x \to -\infty} x^4 = \infty$$

(Mit der Schreibweise $0 + 0$ bzw. $0 - 0$ deuten wir an, dass die Annäherung an 0 aus dem Positiven bzw. Negativen erfolgt.)

2.3 Ganzrationale Funktionen für $x \to \pm\infty$

Beispiel 1

Wir untersuchen das Verhalten von $f(x) = -2x^5 - x^4 + 3x^2 - 4x + 1$ im Unendlichen. Man klammert für $x \neq 0$ die höchste Potenz x^5 aus:

$$f(x) = x^5 \cdot \left(-2 - \frac{1}{x} + 3 \cdot \frac{1}{x^3} - 4 \cdot \frac{1}{x^4} + \frac{1}{x^5}\right)$$

Die Summanden der Klammer (außer dem ersten) werden beliebig klein für $x \to \infty$ oder $x \to -\infty$. Die Klammer strebt also gegen -2. Damit verhält sich f im Unendlichen wie die Funktion $x \mapsto -2x^5$. Ja nicht einmal der Betrag des Faktors -2 ist dabei entscheidend, sondern nur sein Signum (Vorzeichen). f verhält sich also im Unendlichen wie die Funktion $x \mapsto -x^5$:

$f(x) \to -\infty$ für $x \to \infty$ und $f(x) \to \infty$ für $x \to -\infty$.

Der Trick mit dem Ausklammern funktioniert bei ganzrationalen Funktionen immer und führt zur folgenden Regel über das

Randverhalten ganzrationaler Funktionen

Die ganzrationale Funktion

$f(x) = a \cdot x^n$ + niedrigere Potenzen von x $(a \neq 0)$

vom Grad n verhält sich im Unendlichen wie die Funktion $x \mapsto ax^n$ (ja sogar wie $x \mapsto x^n \cdot \operatorname{sgn}(a)$).

Beispiel 2

Die Funktion $f(x) = 2x^6 - 3x^3 + 3x^2 - 4x + 2$ verhält sich im Unendlichen wie $x \mapsto 2x^6$: $f(x) \to \infty$ für $x \to \infty$ und $f(x) \to \infty$ für $x \to -\infty$.

Aufgrund ihres Randverhaltens gilt für eine ganzrationale Funktion von ungeradem Grad nach dem Zwischenwertsatz (→ *Abschnitt 1.2*): **Eine ganzrationale Funktion von ungeradem Grad besitzt mindestens eine Nullstelle.**

2.4 Grenzwerte bei rationalen Funktionen

Wir betrachten rationale Funktionen f(x) in der Form

$$f(x) = \frac{p(x)}{q(x)} \quad \text{mit Polynomen } p(x),\ q(x)$$

und D_f als maximalem Definitionsbereich. D_f besteht aus allen reellen Zahlen außer den Nullstellen von q(x).

Nach derselben Methode wie im → *Abschnitt 2.3* erhält man die Regel über das

Verhalten rationaler Funktionen im Unendlichen

Die rationale Funktion

$$f(x) = \frac{a x^m + \text{niedrigere Potenzen von } x}{b x^n + \text{niedrigere Potenzen von } x} \quad (\text{mit } a,\ b \neq 0)$$

verhält sich im Unendlichen wie die Funktion $x \to \frac{a}{b}x^{m-n}$.

Beispiele

Beispiel 1

$f(x) = \frac{2x^3 - 3x + 1}{-3x^2 + x - 5}$ verhält sich im Unendlichen wie $x \mapsto -\frac{2}{3}x$:

$\lim\limits_{x \to \infty} f(x) = -\infty, \quad \lim\limits_{x \to -\infty} f(x) = \infty$

Beispiel 2

$f(x) = \frac{2x^4 - 3x + 2}{5x^4 + 4x - 2}$ verhält sich im Unendlichen wie die konstante Funktion $x \mapsto \frac{2}{5}$: $\lim\limits_{x \to \infty} f(x) = \frac{2}{5}, \quad \lim\limits_{x \to -\infty} f(x) = \frac{2}{5}$

Beispiel 3

$f(x) = \frac{3x^4 - 3x^2 + 2x}{x^6 - 4x^3 + 9}$ verhält sich im Unendlichen wie die Funktion $x \mapsto 3x^{-2}$: $\lim\limits_{x \to \infty} f(x) = 0, \quad \lim\limits_{x \to -\infty} f(x) = 0$

Jetzt untersuchen wir den Grenzwert $\lim\limits_{x \to a} f(x)$ mit $a \in \mathbb{R}$.

Wenn $a \in D_f$ ist, gilt wegen der Stetigkeit von f: $\lim\limits_{x \to a} f(x) = f(a)$.

Es sei also $a \notin D_f$, d. h. Nullstelle von q (x). Dann spaltet man den Linearfaktor $x - a$ so oft von q (x) ab, wie die Ordnung j der Nullstelle angibt: $q(x) = (x - a)^j \cdot q^*(x)$ mit einem Polynom $q^*(x)$, für das $q^*(a) \neq 0$ ist (→ *Kapitel „Polynome", Abschnitt 3.3*). Ebenso mit dem Zähler: $p(x) = (x - a)^i \cdot p^*(x)$ mit einem Polynom $p^*(x)$, für das $p^*(a) \neq 0$ ist (wenn a gar keine Nullstelle von p (x) ist, dann ist $i = 0$). Jetzt hat man erreicht:

$$f(x) = \frac{p(x)}{q(x)} = \frac{(x-a)^i \cdot p^*(x)}{(x-a)^j \cdot q^*(x)} = (x-a)^k \cdot f^*(x) \quad \text{mit} \quad k = i - j,$$

wobei $f^*(x) = \dfrac{p^*(x)}{q^*(x)}$ eine rationale Funktion ist, die auch bei $x = a$ definiert ist und für die $f^*(a) \neq 0$ gilt.

Nun kann man den Grenzwert von f (x) für $x \to a$ ermitteln:

Stetigkeit/Grenzwert

Grenzwerte rationaler Funktionen an Definitionslücken

Gegeben sei die rationale Funktion

$$f(x) = \frac{p(x)}{q(x)} \quad \text{mit Polynomen } p(x) \text{ und } q(x).$$

a sei Definitionslücke von f, also Nullstelle von q (x).

Man bestimme $k \in \mathbb{Z}$ und $f^*(x)$, wie weiter oben erklärt.

Dann gilt,

falls $k > 0$ ist: $\lim\limits_{x \to a} f(x) = 0$

falls $k = 0$ ist: $\lim\limits_{x \to a} f(x) = f^*(a)$

Wenn $k < 0$ ist, verhält sich f (x) für $x \to a$ wie die Funktion $x \mapsto (x - a)^k f^*(a)$.

Die Grenzwerte $\lim\limits_{x \to a-0} f(x)$ und $\lim\limits_{x \to a+0} f(x)$ sind dann uneigentlich (f hat bei a einen Pol).

Das folgende Beispiel 5 ist schon recht kompliziert und rechenaufwendig. Es soll lediglich dazu dienen, zu zeigen, was alles passieren kann. Die in der Schule vorkommenden Fälle dürften in der Regel im Schwierigkeitsgrad von Beispiel 4 liegen.

Beispiele

Beispiel 4

Zu untersuchen ist das Verhalten von $f(x) = \dfrac{x^2 - 1}{x^2 - 3x + 2}$ für $x \to 1$.

Sowohl im Zähler als auch im Nenner kann man $x - 1$ genau einmal abspalten *(→ Sätze über Nullstellen):*

$x^2 - 1 = (x - 1)(x + 1)$, $x^2 - 3x + 2 = (x - 1)(x - 2)$, also

$$\frac{x^2 - 1}{x^2 - 3x + 2} = \frac{(x - 1)(x + 1)}{(x - 1)(x - 2)} = \frac{x + 1}{x - 2} \to -2 \text{ für } x \to 1$$

(Im obigen Satz ist also $k = 0$ und $f^*(x) = \dfrac{x + 1}{x - 2}$ mit $f^*(1) = -2$.)

Man beachte in der Rechnung die Schreibweise mit den Pfeilen. Keinesfall darf man für sie „=“ schreiben, denn der Ausgangsterm links ist gar nicht definiert für $x = 1$.

$$\lim_{x \to 1} \frac{x^2 - 1}{x^2 - 3x + 2} = -2$$

Beispiel 5

Man untersuche $f(x) = \dfrac{x^4 + x^3 - 7x^2 - x + 6}{x^4 + x^3 - 3x^2 - 5x - 2}$ für $x \to -1$ und $x \to 2$.

Sowohl bei -1 als auch bei 2 verschwindet der Nenner. Es handelt sich also um Definitionslücken der Funktion. In den Beispielen 5 und 6 aus dem → *Kapitel „Polynome“, Abschnitt 3.3* wurden das Zähler- und Nennerpolynom bereits untersucht. Danach kann man rechnen:

$$\frac{x^4 + x^3 - 7x^2 - x + 6}{x^4 + x^3 - 3x^2 - 5x - 2} = \frac{(x + 3)(x + 1)(x - 1)(x - 2)}{(x + 1)^3(x - 2)} = \frac{(x + 3)(x - 1)}{(x + 1)^2}$$

Für $x \to -1$ ist der Linearfaktor $x + 1$ wesentlich:

$$\frac{(x + 3)(x - 1)}{(x + 1)^2} = (x + 1)^{-2} \cdot f^*(x) \quad \text{mit} \quad f^*(x) = (x + 3)(x - 1)$$

$f(x)$ verhält sich für $x \to -1$ wie $(x + 1)^{-2} \cdot f^*(-1) = \dfrac{-4}{(x + 1)^2}$, also

$\lim\limits_{x \to -1 - 0} f(x) = -\infty$, $\lim\limits_{x \to -1 + 0} f(x) = -\infty$ (f hat bei -1 einen Pol)

Für $x \to 2$ ist der Linearfaktor $x - 2$ wesentlich. Der konnte aber vollständig gekürzt werden. Es folgt:

$$\frac{(x + 3)(x - 1)}{(x + 1)^2} \to \frac{5}{9} \text{ für } x \to 2$$

(Es ist hier also $k = 0$ und $f^*(x) = \dfrac{(x + 3)(x - 1)}{(x + 1)^2}$ mit $f^*(2) = \dfrac{5}{9}$.)

$$\lim_{x \to 2} \frac{x^4 + x^3 - 7x^2 - x + 6}{x^4 + x^3 - 3x^2 - 5x - 2} = \frac{5}{9}$$

2.5 Regeln für Grenzwerte

Da Grenzwerte nicht zu existieren brauchen, darf man die folgenden Regeln nicht im Sinn einer Gleichung der Algebra lesen. Alle Regeln gelten nur unter der Voraussetzung, dass die Grenzwerte auf der rechten Seite des Gleichheitszeichens eigentlich oder uneigentlich existieren und dass dabei keine unbestimmten Ausdrücke (siehe weiter unten) entstehen. Dann existieren auch die Grenzwerte auf der linken Seite und es gilt die angegebene Gleichheit. Beim Grenzübergang $x \to a$ darf jetzt $a \in \mathbb{R}$ oder $a = \pm\infty$ sein.

Grenzwerte bei rationalen Operationen

$$\lim_{x \to a} (f(x) + g(x)) = \lim_{x \to a} f(x) + \lim_{x \to a} g(x)$$

$$\lim_{x \to a} (f(x) - g(x)) = \lim_{x \to a} f(x) - \lim_{x \to a} g(x)$$

$$\lim_{x \to a} (f(x) \cdot g(x)) = \lim_{x \to a} f(x) \cdot \lim_{x \to a} g(x)$$

$$\lim_{x \to a} \frac{f(x)}{g(x)} = \frac{\lim_{x \to a} f(x)}{\lim_{x \to a} g(x)}$$

Analoge Regeln gelten für links- oder rechtsseitige Grenzwerte. Auf der rechten Seite können die uneigentlichen Symbole $\pm\infty$ stehen. Man beachte daher die im Folgenden vereinbarten Regeln für das

Rechnen mit $\pm\infty$ (c stehe für eine reelle Zahl)

$\infty + \infty = \infty$	$-\infty - \infty = -\infty$
$\infty + c = c + \infty = \infty$	$-\infty + c = c - \infty = -\infty$
$\infty \cdot \infty = (-\infty) \cdot (-\infty) = \infty$	$\infty \cdot (-\infty) = (-\infty) \cdot \infty = -\infty$
$\infty \cdot c = c \cdot \infty = \begin{cases} \infty & \text{für } c > 0 \\ -\infty & \text{für } c < 0 \end{cases}$	$(-\infty) \cdot c = c \cdot (-\infty) = \begin{cases} -\infty & \text{für } c > 0 \\ \infty & \text{für } c < 0 \end{cases}$
$\frac{c}{\infty} = \begin{cases} 0+0 & \text{für } c > 0 \\ 0-0 & \text{für } c < 0 \end{cases}$	$\frac{c}{-\infty} = \begin{cases} 0-0 & \text{für } c > 0 \\ 0+0 & \text{für } c < 0 \end{cases}$
$\frac{c}{0+0} = \begin{cases} \infty & \text{für } c > 0 \\ -\infty & \text{für } c < 0 \end{cases}$	$\frac{c}{0-0} = \begin{cases} -\infty & \text{für } c > 0 \\ \infty & \text{für } c < 0 \end{cases}$

Diese Regeln gelten nur im Zusammenhang mit den obigen Grenzwertformeln. Mit ihnen werden ∞ und $-\infty$ keine reellen Zahlen und es gelten für sie auch nicht die Algebra-Regeln von $\mathbb{R}$. (Würde man z. B. bei der Regel $\infty + \infty = \infty$, wie man es sonst tut, auf beiden Seiten ∞ subtrahieren, erhielte man die unsinnige Beziehung $\infty = 0$.)

Für Ausdrücke wie z. B. $\infty - \infty$, $0 \cdot \infty$, $\frac{\infty}{\infty}$, $\frac{0}{0}$ gibt es keine allgemein gültigen Regeln. Man nennt sie **unbestimmte Ausdrücke**. Wenn auf der rechten Seite einer der obigen Grenzwertregeln ein solcher unbestimmter Ausdruck entsteht, ist die Regel nicht anwendbar.

Beispiele

Beispiel 1

Für $f(x) = x^5$, $g(x) = x^3$ gilt: $\lim\limits_{x \to \infty} f(x) = \infty$, $\lim\limits_{x \to \infty} g(x) = \infty$

Zur Bestimmung von $\lim\limits_{x \to \infty} (f(x) - g(x))$ kann man die Regel von oben nicht anwenden, da rechts der unbestimmte Ausdruck $\infty - \infty$ entsteht.

Man erhält aber (nach → *Abschnitt 2.3*), da sich $x^5 - x^3$ im Unendlichen wie x^5 verhält:

$$\lim_{x \to \infty} (f(x) - g(x)) = \infty$$

Beispiel 2

Für $f(x) = x^3$, $g(x) = \frac{15x^2 - 4}{3x^2 - 1}$ gilt:

$$\lim_{x \to -\infty} f(x) = -\infty, \quad \lim_{x \to -\infty} g(x) = 5$$

(zu g (x) vergleiche Beispiel 2 im Abschnitt 2.4)

Dann folgt: $\lim\limits_{x \to -\infty} (f(x) \cdot g(x)) = -\infty \cdot 5 = -\infty$

Beispiel 3

Es gilt: $\lim\limits_{x \to 1} \frac{x^2 + 2}{x^2 - x - 1} = -3$, $\lim\limits_{x \to 1} \frac{x^2 - 1}{x^2 - 3x + 2} = -2$

(beim ersten Limes wegen der Stetigkeit bei 1, beim zweiten nach → *Beispiel 4 im Abschnitt 2.4*)

Dann folgt: $\lim\limits_{x \to 1} \left(\frac{x^2 + 2}{x^2 - x - 1} + \frac{x^2 - 1}{x^2 - 3x + 2}\right) = -3 - 2 = -5$

Weitere Beispiele zu diesen Regeln findet man im → *Kapitel „Transzendente Funktionen", Abschnitt 1.2.*

Transzendente Funktionen

Rationale Funktionen (insbesondere ganzrationale) und Wurzelfunktionen zählt man zur Klasse der **algebraischen Funktionen**. Nicht zu dieser Klasse gehören die **trigonometrischen Funktionen** (auch **Winkelfunktionen**) Sinus, Kosinus, Tangens, Kotangens und deren Umkehrungen, die **Arcusfunktionen**, ebensowenig wie die **Exponentialfunktionen** und deren Umkehrungen, die **Logarithmusfunktionen**. All diese Funktionen gehören zur Klasse der **transzendenten Funktionen**.

1 Trigonometrische Funktionen

Die trigonometrischen Funktionen sin, cos, tan, cot finden Anwendung vor allem bei der Winkelberechnung und zur Beschreibung **periodischer** Vorgänge (etwa Schwingungen in der Physik).

1.1 Definition und Eigenschaften

Wir definieren die Funktion $x \mapsto \cos x$ und $x \mapsto \sin x$ am Einheitskreis.

Definition der Funktionen cos und sin

Es sei $x \in \mathbb{R}$ beliebig.

Auf dem Kreis vom Radius 1 um den Ursprung eines kartesischen uv-Koordinatensystem (Einheitskreis) wird vom Punkt $E(1\,|\,0)$ aus ein Bogen der Länge $|x|$ abgetragen, und zwar

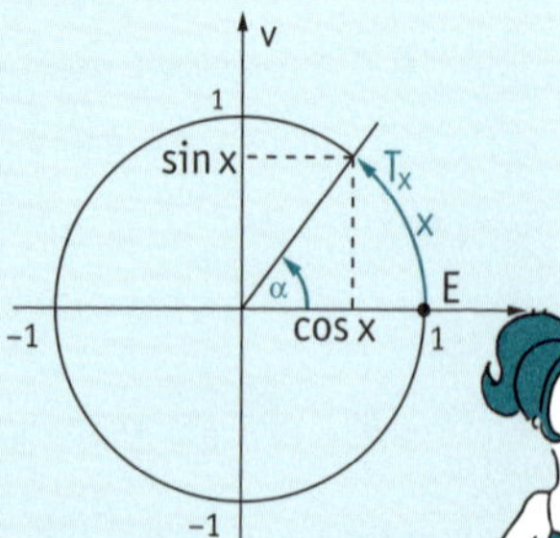

- gegen den Uhrzeigersinn (positiver Drehsinn), falls $x > 0$ ist,

und

- im Uhrzeigersinn (negativer Drehsinn), falls $x < 0$.

Der Endpunkt des Bogens sei $T_x(u(x)\,|\,v(x))$ (für $x = 0$ ist $T_x = E$).
Dann heißt $u(x)$ der Kosinus von x und $v(x)$ der Sinus von x:
$u(x) = \cos x$, $v(x) = \sin x$
Hierdurch werden zwei reelle Funktionen mit Definitionsbereich $\mathbb{R}$ definiert. Ihr Wertebereich ist $[-1, 1]$.

Beliebig kleine Änderungen von x ändern auch T_x beliebig wenig. Es gilt:

$x \mapsto \cos x$ und $x \mapsto \sin x$ sind stetige Funktionen.

Da der Kreis den Umfang 2π besitzt, wiederholen sich die Werte von cos und sin, wenn man zum Argument x ganzzahlige Vielfache von 2π addiert. Man nennt das die **2π-Periodizität** von cos und sin. Sie drückt sich aus in den Gleichungen

$\cos(x + 2\pi) = \cos x, \quad \sin(x + 2\pi) = \sin x$ für alle $x \in \mathbb{R}$.

Ändert der Bogen x sein Vorzeichen, entspricht das einer Spiegelung an der u-Achse. Der Sinus ändert sein Vorzeichen, der Kosinus nicht:

$\cos(-x) = \cos x, \quad \sin(-x) = -\sin x$ für alle $x \in \mathbb{R}$

Ändert man den Bogen x um π, so entspricht das einer Punktspiegelung am Ursprung. Beide Funktionen ändern ihr Vorzeichen:

$\cos(x \pm \pi) = -\cos x, \quad \sin(x \pm \pi) = -\sin x$ für alle $x \in \mathbb{R}$

Ähnlich kann man weitere Beziehungen herleiten. Wir nennen noch:

$\cos\left(x + \frac{\pi}{2}\right) = -\sin x, \quad \sin\left(x + \frac{\pi}{2}\right) = \cos x$ für alle $x \in \mathbb{R}$

$\cos\left(\frac{\pi}{2} - x\right) = \sin x, \quad \sin\left(\frac{\pi}{2} - x\right) = \cos x$ für alle $x \in \mathbb{R}$

Und ganz wichtig der **trigonometrische Pythagoras**:

$\sin^2 x + \cos^2 x = 1$ Zur Schreibweise: $\sin^2 x = (\sin x)^2, \quad \cos^2 x = (\cos x)^2$

Die folgenden Formeln heißen **Additionstheoreme** von cos und sin.

$\cos(x + y) = \cos x \cdot \cos y - \sin x \cdot \sin y$ für alle $x, y \in \mathbb{R}$

$\sin(x + y) = \sin x \cdot \cos y + \cos x \cdot \sin y$ für alle $x, y \in \mathbb{R}$

Die Bilder zeigen die Graphen der Funktionen $y = \sin x$ bzw. $y = \cos x$ in einem xy-Koordinatensystem.

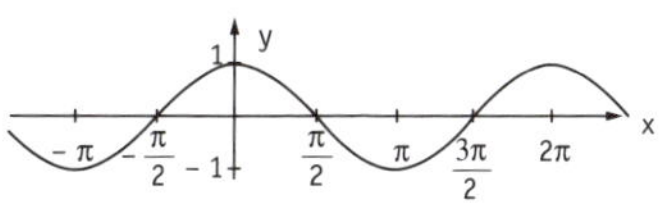

Graph von $x \mapsto \cos x$

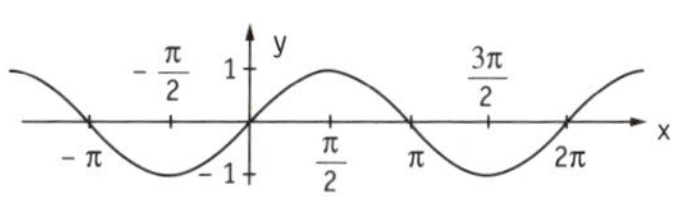

Graph von $x \mapsto \sin x$

Die Nullstellenmenge der Sinusfunktion ist

$N_{\sin} = \{\dots, -3\pi, -2\pi, -\pi, 0, \pi, 2\pi, 3\pi, \dots\} = \{k\pi \mid k \in \mathbb{Z}\}$

Die Nullstellenmenge der Kosinusfunktion ist

$N_{\cos} = \left\{\dots, -\frac{5\pi}{2}, -\frac{3\pi}{2}, -\frac{\pi}{2}, \frac{\pi}{2}, \frac{3\pi}{2}, \frac{5\pi}{2}, \dots\right\} = \left\{\frac{\pi}{2} + k\pi \mid k \in \mathbb{Z}\right\}$

Jedem Bogen x entspricht eineindeutig ein orientierter (d. h. vorzeichenbehafteter) Winkel α. Man kann nun die Größe von α einfach als x festlegen. Dann spricht man vom Bogenmaß. In der Geometrie verwendet man daneben noch althergebracht das **Gradmaß**. Es gilt

$$\pi = 180°$$

Links steht das Bogenmaß (ohne Einheit), rechts das Gradmaß (mit der Einheit °). Division durch 180 bzw. durch π liefert

(1) $\frac{\pi}{180} = 1°$ bzw. (2) $1 = \frac{180°}{\pi}$

Beispiele

Wieviel sind 142° im Bogenmaß?

Man multipliziert (1) mit 142 und erhält $142° = \frac{\pi}{180} \cdot 142 = \frac{71}{90}\pi \approx 2{,}478$.

Wieviel sind $-2{,}58$ (Bogenmaß) im Gradmaß?

Man multipliziert (2) mit $-2{,}58$ und erhält $-2{,}58 = \frac{180°}{\pi} \cdot (-2{,}58) \approx -147{,}8°$.

Das Gradmaß ist bei Winkelberechnungen in der Geometrie üblich. In der Analysis verwendet man fast nur das Bogenmaß. (Man achte beim Taschenrechner auf die richtige Einstellung. Das Gradmaß heißt dort DEG (engl. *degree*), das Bogenmaß RAD (lat./engl. *radians*). Meist stellt man mit der DRG-Taste um. Je nach Taschenrechner kann es aber auch anders gehen, z. B. über eine MODE-Funktion oder ein spezielles Menü. Man lese die Bedienungsanleitung.)

Tangens und Kotangens führt man auf Sinus und Kosinus zurück.

Definition der Funktionen tan und cot

Tangens und Kotangens definiert man durch $\tan x = \frac{\sin x}{\cos x}$, $\cot x = \frac{\cos x}{\sin x}$

Die maximalen Definitionsmengen sind:

$D_{\tan} = \mathbb{R} \setminus N_{\cos} = \mathbb{R} \setminus \left\{\frac{\pi}{2} + k\pi \mid k \in \mathbb{Z}\right\}$

$D_{\cot} = \mathbb{R} \setminus N_{\sin} = \mathbb{R} \setminus \{k\pi \mid k \in \mathbb{Z}\}$

Beide Funktionen haben als Wertemenge ganz $\mathbb{R}$.

Bei der Quotientenbildung bleibt die Stetigkeit erhalten, d. h.,
$x \mapsto \tan x$ und $x \mapsto \cot x$ sind stetige Funktionen.

Beide Funktion haben die Periode π:
$\tan(x + \pi) = \tan x$, $\cot(x + \pi) = \cot x$, für alle $x \in D_{\tan}$ bzw. $x \in D_{\cot}$

Ändert das Argument das Vorzeichen, so auch tan und cot:
$\tan(-x) = -\tan x$, $\cot(-x) = -\cot x$, für alle $x \in D_{\tan}$ bzw. $x \in D_{\cot}$

Die Additionstheoreme für Tangens und Kotangens lauten:

$$\tan(x + y) = \frac{\tan x + \tan y}{1 - \tan x \cdot \tan y}, \quad \cot(x + y) = \frac{\cot x \cdot \cot y - 1}{\cot x + \cot y}$$

Die Formeln gelten mit der Maßgabe, dass alle auftretenden Terme definiert sind.

Die Graphen zeigen gut das Verhalten an den Definitionslücken.

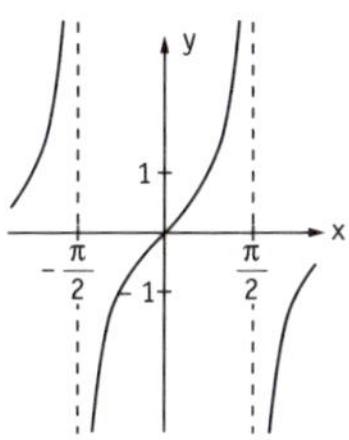

Graph von $x \mapsto \tan x$

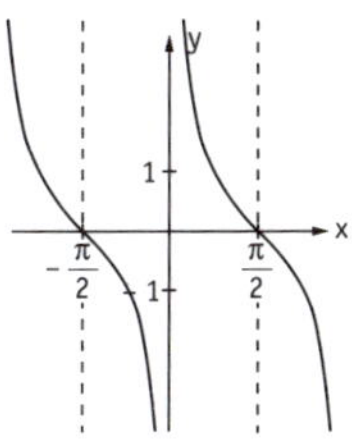

Graph von $x \mapsto \cot x$

$$\lim_{x \to \frac{\pi}{2} - 0} \tan x = \infty$$

$$\lim_{x \to \frac{\pi}{2} + 0} \tan x = -\infty$$

$$\lim_{x \to 0 - 0} \cot x = -\infty$$

$$\lim_{x \to 0 + 0} \cot x = \infty$$

Für einige oft vorkommende Argumente x kann man die exakten Werte der trigonometrischen Funktionen angeben.

x	0°	30°	45°	60°	90°	180°	270°	360°
	0	$\frac{\pi}{6}$	$\frac{\pi}{4}$	$\frac{\pi}{3}$	$\frac{\pi}{2}$	π	$\frac{3}{2}\pi$	2π
$\cos x$	1	$\frac{\sqrt{3}}{2}$	$\frac{\sqrt{2}}{2}$	$\frac{1}{2}$	0	−1	0	1
$\sin x$	0	$\frac{1}{2}$	$\frac{\sqrt{2}}{2}$	$\frac{\sqrt{3}}{2}$	1	0	−1	0
$\tan x$	0	$\frac{\sqrt{3}}{3}$	1	$\sqrt{3}$	–	0	–	0
$\cot x$	–	$\sqrt{3}$	1	$\frac{\sqrt{3}}{3}$	0	–	0	–

1.2 Trigonometrische Grenzwerte

Da für x nahe bei 0 der Bogen x und sein Sinus ungefähr gleich groß sind: $\sin x \approx x$, ist die Beziehung

$$\lim_{x\to 0} \frac{\sin x}{x} = 1$$

plausibel (man beachte, dass der Bruch bei $x = 0$ nicht definiert ist). Strenge Beweise findet man in jedem Schulbuch.

Mit geschickten Umformungen findet man weitere Grenzwerte, z. B.

$$\lim_{x\to 0} \frac{\tan x}{x} = \lim_{x\to 0} \frac{\frac{\sin x}{\cos x}}{x} = \lim_{x\to 0} \left(\frac{\sin x}{x} \cdot \frac{1}{\cos x}\right) = \lim_{x\to 0} \frac{\sin x}{x} \cdot \lim_{x\to 0} \frac{1}{\cos x}$$

Wir haben zuletzt eine Grenzwertregel aus dem → *Kapitel „Stetigkeit/Grenzwert", Abschnitt 2.5*, angewendet. Man beachte, dass der zweite Faktor völlig harmlos ist, die Funktion ist stetig bei 0. Beide Grenzwerte sind 1, also auch ihr Produkt. Es folgt:

$$\lim_{x\to 0} \frac{\tan x}{x} = 1$$

Weiter folgt (beim dritten Gleichheitszeichen verwenden wir den trigonometrischen Pythagoras)

$$\frac{1 - \cos x}{x^2} = \frac{(1 - \cos x)(1 + \cos x)}{x^2(1 + \cos x)} = \frac{1 - \cos^2 x}{x^2(1 + \cos x)} = \frac{\sin^2 x}{x^2} \cdot \frac{1}{1 + \cos x}$$

$$= \left(\frac{\sin x}{x}\right)^2 \cdot \frac{1}{1 + \cos x}$$

Der erste Faktor strebt für $x \to 0$ gegen 1 (das folgt aus Obigem und der Stetigkeit der Quadratfunktion), der zweite ist wieder harmlos, da stetig. Er strebt gegen $\frac{1}{2}$. Also strebt das Produkt gegen $\frac{1}{2}$:

$$\lim_{x\to 0} \frac{1 - \cos x}{x^2} = \frac{1}{2}$$

Und zum Schluss noch: $\frac{1 - \cos x}{x} = \frac{1 - \cos x}{x^2} \cdot x$

Für $x \to 0$ strebt der erste Faktor gegen $\frac{1}{2}$, der zweite gegen 0, es gilt:

$$\lim_{x\to 0} \frac{1 - \cos x}{x} = 0$$

2 Arcusfunktionen

2.1 Definition der Arcusfunktionen

Die **Arcusfunktionen** sind die Umkehrungen der trigonometrischen Funktionen. Da wegen der Periodizität jeder Funktionswert unendlich oft vorkommt, muss man die Definitionsbereiche geeignet einschränken, damit beim Umkehren eine Funktion entsteht (Eindeutigkeit der Funktionsvorschrift). Man legt fest

für den Sinus: $f(x) = \sin x$ mit $D_f = \left[-\frac{\pi}{2}, \frac{\pi}{2}\right]$, $W_f = [-1, 1]$

für den Kosinus: $g(x) = \cos x$ mit $D_g = [0, \pi]$, $W_g = [-1, 1]$

für den Tangens: $h(x) = \tan x$ mit $D_h = \left]-\frac{\pi}{2}, \frac{\pi}{2}\right[$, $W_h = \mathbb{R}$

Man überzeuge sich anhand der Graphen in → *Abschnitt 1.1* davon, dass in den angegebenen Bereichen jeder Wert aus dem Wertebereich genau einmal angenommen wird. Die bezüglich dieser Festlegungen bestimmten **stetigen** Umkehrfunktionen heißen **Arcussinus**, **Arcuskosinus**, **Arcustangens**. (Den seltenen **Arcuskotangens** übergehen wir.) Beim Umkehren werden Definitions- und Wertebereich getauscht, die Graphen sind an der Winkelhalbierenden des I. und III. Quadranten zu spiegeln, und Wertetabellen erhält man aus der Tabelle am Ende von → *Abschnitt 1.1* durch Vertauschen von Ein- und Ausgaben.

Beim Taschenrechner sind die Arcusfunktionen zumeist die Zweitfunktionen über sin, cos, tan und als $\sin^{-1}$, $\cos^{-1}$, $\tan^{-1}$ bezeichnet.

Der Arcussinus $x \mapsto \arcsin x$

x	0	$\frac{1}{2}$	$\frac{\sqrt{2}}{2}$	$\frac{\sqrt{3}}{2}$	1
$\arcsin x$	0	$\frac{\pi}{6}$	$\frac{\pi}{4}$	$\frac{\pi}{3}$	$\frac{\pi}{2}$

$D_{\arcsin} = [-1, 1]$ $W_{\arcsin} = \left[-\frac{\pi}{2}, \frac{\pi}{2}\right]$

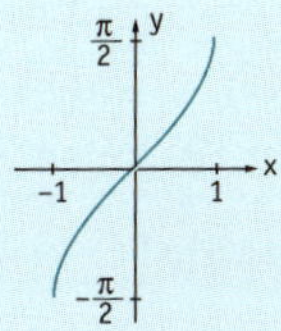

Der Arcuskosinus $x \mapsto \arccos x$

x	0	$\frac{1}{2}$	$\frac{\sqrt{2}}{2}$	$\frac{\sqrt{3}}{2}$	1
$\arccos x$	$\frac{\pi}{2}$	$\frac{\pi}{3}$	$\frac{\pi}{4}$	$\frac{\pi}{6}$	0

$D_{\arccos} = [-1, 1]$ $\quad W_{\arccos} = [0, \pi]$

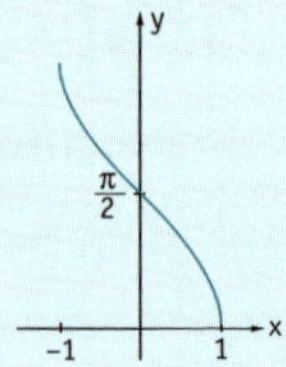

Der Arcustangens $x \mapsto \arctan x$

x	0	$\frac{\sqrt{3}}{3}$	1	$\sqrt{3}$	$\to \infty$
$\arctan x$	0	$\frac{\pi}{6}$	$\frac{\pi}{4}$	$\frac{\pi}{3}$	$\to \frac{\pi}{2}$

$D_{\arctan} = \mathbb{R}$ $\quad W_{\arctan} = \left]-\frac{\pi}{2}, \frac{\pi}{2}\right[$

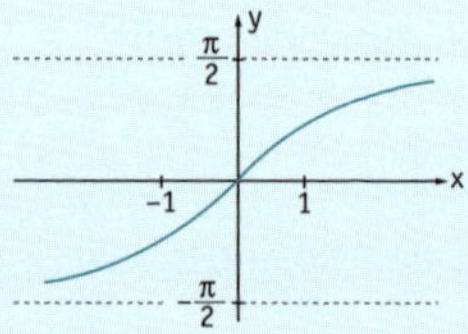

2.2 Auflösen nach dem Argument

a) **Die Gleichung $\sin x = a$ mit $a \in [-1, 1]$ über der Grundmenge $\mathbb{R}$:** Eine Lösung ist $x_0 = \arcsin a$. Wegen der Periodizität sind sogar alle $x_0 + 2\pi k$ $(k \in \mathbb{Z})$ Lösungen. Für $a \neq \pm 1$ gibt es noch weitere Lösungen, nämlich alle $x_0' + 2\pi k$ $(k \in \mathbb{Z})$ mit $x_0' = \pi - x_0$.

b) **Die Gleichung $\cos x = a$ mit $a \in [-1, 1]$ über der Grundmenge $\mathbb{R}$:** Mit $x_0 = \arccos a$ sind alle $x_0 + 2\pi k$ $(k \in \mathbb{Z})$ Lösungen. Für $a \neq \pm 1$ sind aber auch die $x_0' + 2\pi k$ $(k \in \mathbb{Z})$ mit $x_0' = -x_0$ Lösungen.

c) **Die Gleichung $\tan x = a$ mit $a \in \mathbb{R}$ über der Grundmenge $\mathbb{R}$:** Eine Lösung ist $x_0' = \arctan a$. Wegen der Periodizität sind dann auch alle $x_0 + \pi k$ $(k \in \mathbb{Z})$ Lösungen.

Mehr Lösungen als die jeweils angegebenen existieren nicht.

Beispiel

Wir suchen alle Lösungen von $\sin x = 0{,}9$ im Intervall $[-2\pi, 2\pi]$.

Der Taschenrechner liefert $x_0 = \arcsin 0{,}9 \approx 1{,}120$ und wir berechnen $x_0' = \pi - x_0 \approx 2{,}022$. Von den Lösungen $x_0 + 2\pi k$, $x_0' + 2\pi k$ liegen nur diejenigen mit $k = 0$ oder -1 in $[-2\pi, 2\pi]$. Die Lösungsmenge der Gleichung ist also $\{-5{,}163; -4{,}261; 1{,}120; 2{,}022\}$.

3 Exponentialfunktionen

Viele Wachstums- und Zerfallsprozesse verlaufen exponentiell. Zu ihrer Beschreibung verwendet man Exponentialfunktionen.

Definition der Exponentialfunktion

Für $a > 0,\ a \neq 1$ heißt die Funktion

$f\colon\ x \mapsto a^x$ mit $D_f = \mathbb{R}$ **Exponentialfunktion zur Basis a.**

Besonders ausgezeichnet ist die **natürliche Exponentialfunktion** mit der Euler'schen Zahl e als Basis:

$\exp\colon\ x \mapsto e^x$ mit $D_{\exp} = \mathbb{R}$

Eine Exponentialfunktion hat den Wertebereich $\mathbb{R}^+$.

Wiederholung:

Potenzen bei rationalem Exponenten (a > 0)

$a^0 = 1,\ a^1 = a$

$a^n = a \cdot a \dots a$, (n Faktoren, $n \geq 2$ ganz)

$a^{-n} = \frac{1}{a^n}\quad (n \in \mathbb{N})$

$a^{\frac{m}{n}} = \sqrt[n]{a^m} = \left(\sqrt[n]{a}\right)^m\quad (n, m \in \mathbb{Z},\ n > 0)$

Es ist $e = \lim\limits_{n \to \infty} \left(1 + \frac{1}{n}\right)^n = \sum\limits_{n=0}^{\infty} \frac{1}{n!} = 2{,}718281828459045\dots$

Man kann zeigen:
Alle Exponentialfunktionen sind stetig.

Der Verlauf einer Exponentialfunktion $f(x) = a^x$ hängt wesentlich davon ab, ob $0 < a < 1$ oder $a > 1$ gilt.

$$D_f = \mathbb{R}, \quad W_f =]0, \infty[= \mathbb{R}^+$$

$$f(0) = 1$$

Es gelten für beliebige $u, v \in \mathbb{R}$ die Funktionalgleichungen

$$f(u + v) = f(u) \cdot f(v), \quad f(u) - f(v) = \frac{f(u)}{f(v)}, \quad f(u \cdot v) = (f(u))^v$$

das heißt die **Potenzgesetze**

$$a^{u+v} = a^u \cdot a^v, \quad a^{u-v} = \frac{a^u}{a^v}, \quad a^{uv} = (a^u)^v$$

$0 < a < 1$	$a > 1$
Je größer x, desto kleiner f(x), d. h., f ist streng monoton fallend	Je größer x, desto größer f(x), d. h., f ist streng monoton wachsend
$\lim\limits_{x \to \infty} a^x = 0 + 0, \ \lim\limits_{x \to -\infty} a^x = \infty$	$\lim\limits_{x \to \infty} a^x = \infty, \ \lim\limits_{x \to -\infty} a^x = 0 + 0$
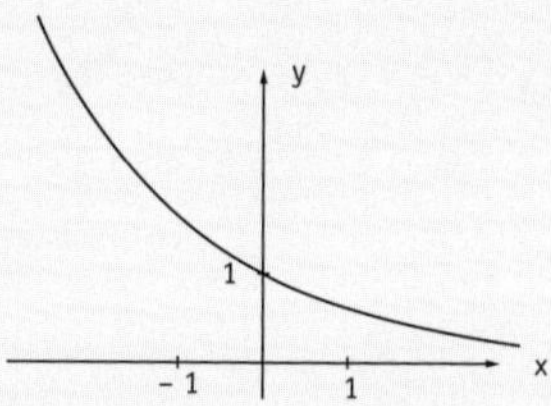 Graph von $x \mapsto a^x$ mit $0 < a < 1$	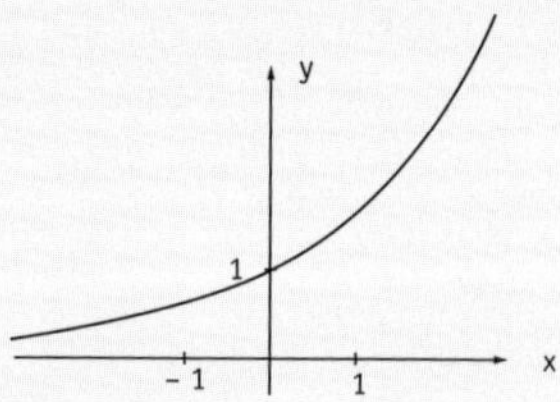 Graph von $x \mapsto a^x$ mit $a > 1$

Eigenschaften von $f(x) = a^x$

Satz über polynomiales und exponentielles Wachstum

Es sei $a > 1$, $\beta \in \mathbb{R}$. Dann gelten (insbesondere für $a = e$):

$$\lim_{x \to \infty} \frac{x^\beta}{a^x} = \lim_{x \to \infty} (x^\beta a^{-x}) = 0 \qquad \lim_{x \to \infty} \frac{a^x}{x^\beta} = \lim_{x \to \infty} (x^{-\beta} a^x) = \infty$$

Man beachte, dass, wenn $\beta > 0$ ist, die Quotienten oder Produkte für $x \to \infty$ unbestimmte Ausdrücke vom Typ $\frac{\infty}{\infty}$ bzw. $0 \cdot \infty$ werden (→ *Kapitel „Stetigkeit / Grenzwert", Abschnitt 2.5*). Der Satz sagt also, dass sich in solchen Situationen „die Exponentialfunktion durchsetzt", sie wächst stärker als jede Potenz.

4 Logarithmusfunktionen

$f(x) = a^x$ ($a > 0$, $a \neq 1$) ist nach → *Exponentialfunktionen* streng monoton wachsend ($a > 1$) oder fallend ($0 < a < 1$), also umkehrbar, da jeder Funktionswert genau einmal angenommen wird. **Die Umkehrfunktion ist stetig.**

Definition des Logarithmus

Für $a > 0$, $a \neq 1$ heißt die Umkehrfunktion g der Exponentialfunktion $x \mapsto a^x$ **Logarithmus zur Basis a**:

g: $x \mapsto \log_a x$ mit $D_g = \mathbb{R}^+ =]0, \infty[$

Besonders ausgezeichnet ist der **natürliche Logarithmus** (lat. *logarithmus naturalis*) mit e als Basis:

ln: $x \mapsto \ln x = \log_e x$ mit $D_{\ln} = \mathbb{R}^+$

Der Wertebereich einer Logarithmusfunktion ist $\mathbb{R}$.

Die Umkehrungseigenschaft wird ausgedrückt durch

$\log_a a^x = x$ für alle $x \in \mathbb{R}$, $a^{\log_a x} = x$ für alle $x \in \mathbb{R}^+$

$\ln e^x = x$ für alle $x \in \mathbb{R}$, $e^{\ln x} = x$ für alle $x \in \mathbb{R}^+$

Neben dem natürlichen Logarithmus gebraucht man auch den **dekadischen Logarithmus** (10er-Logarithmus) $\log_{10} x$, mit $\lg x$ oder $\log x$ bezeichnet. (In der mathematischen Fachliteratur meint $\log x$ dagegen meist den natürlichen Logarithmus. Wir machen es so, wie es auf den gängigen Taschenrechnern ist: „ln x“ für den natürlichen und „log x“ für den dekadischen Logarithmus.)

Mit dem Taschenrechner berechnet man Logarithmen mit der Formel

$$\log_a x = \frac{\ln x}{\ln a} = \frac{\log x}{\log a} \quad (a > 0,\ a \neq 1;\ x > 0)$$

Probieren Sie aus, dass beide Quotienten dasselbe liefern.

Mithilfe des Logarithmus löst man nach dem Exponenten auf.

Beispiele

Beispiel 1

Zu bestimmen ist die Lösung der Gleichung $e^x = 0{,}5$:

$e^x = 0{,}5 \iff x = \ln 0{,}5 \approx -0{,}6931$

(Probe: $e^{-0{,}6931} \approx 0{,}5$)

Beispiel 2

Zu bestimmen ist die Lösung der Gleichung $4^x = 6$:

$4^x = 6 \iff x = \log_4 6 \iff x = \frac{\ln 6}{\ln 4} \approx 1{,}2925$

(Probe: $4^{1{,}2925} \approx 6$)

Beispiel 3

Wir lösen $x^4 = 22$.

Hier ist nicht der Exponent gesucht, sondern die Basis. Es darf also nicht logarithmiert, sondern muss radiziert (die Wurzel gezogen) werden. Da der Exponent gerade ist, gibt es zwei Lösungen:

$x = \pm \sqrt[4]{22} = \pm 22^{\frac{1}{4}} \approx \pm 2{,}1657.$

Wichtig!

Exponent gesucht
→ Logarithmieren
Basis gesucht
→ Radizieren

Die Tabelle auf der nächsten Seite enthält die wichtigsten Eigenschaften von $g(x) = \log x$.

Man beachte die Analogie zur Tabelle für die Exponentialfunktion in → *Abschnitt 3* und wie sich das Umkehren darin zeigt: Vertauschen von Definitions- und Wertebereich, Spiegeln der Graphen an der Winkelhalbierenden des I. und III. Quadranten, Potenzgesetze und Logarithmengesetze usw.

Man kann sich bei den Exponentialfunktionen auf eine Basis (z. B. e) beschränken, wenn man im Exponenten einen konstanten Faktor $\lambda \in \mathbb{R}$ anbringt. Es gilt nämlich (drittes Logarithmengesetz):

$$a^x = e^{\lambda x} \iff \ln(a^x) = \ln(e^{\lambda x}) \iff x \cdot \ln a = \lambda x$$

Man sieht, dass man nur $\lambda = \ln a$ setzen muss.

$$D_g =]0, \infty[= \mathbb{R}^+, \; W_g = \mathbb{R}$$

$$g(1) = 0$$

Es gelten für beliebige $u, v \in \mathbb{R}^+$, $w \in \mathbb{R}$ die Funktionalgleichungen

$$g(u \cdot v) = g(u) + g(v), \quad g\left(\frac{u}{v}\right) = g(u) - g(v), \quad g(u^w) = w \cdot g(u)$$

das heißt die **Logarithmengesetze**

$$\log_a(uv) = \log_a u + \log_a v, \quad \log_a \frac{u}{v} = \log_a u - \log_a v,$$

$$\log_a u^w = w \cdot \log_a u$$

$0 < a < 1$	$a > 1$
Je größer x, desto kleiner g (x), d. h., g ist streng monoton fallend	Je größer x, desto größer g (x), d. h., g ist streng monoton wachsend.
$\lim\limits_{x \to 0+0} \log_a x = \infty, \; \lim\limits_{x \to \infty} \log_a x = -\infty$	$\lim\limits_{x \to 0+0} \log_a x = -\infty, \; \lim\limits_{x \to \infty} \log_a x = \infty$

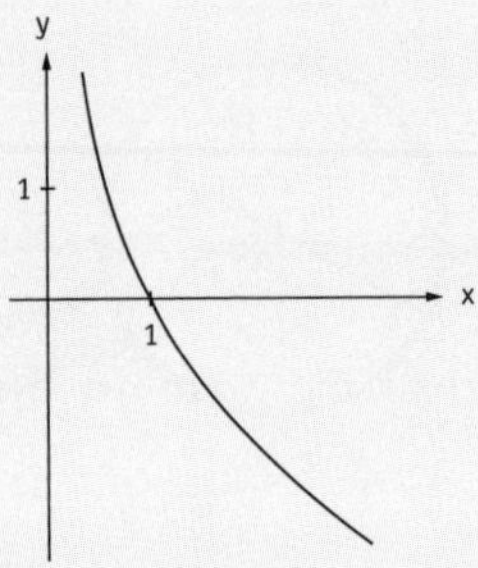

Graph von $x \mapsto \log_a x$ mit $0 < a < 1$

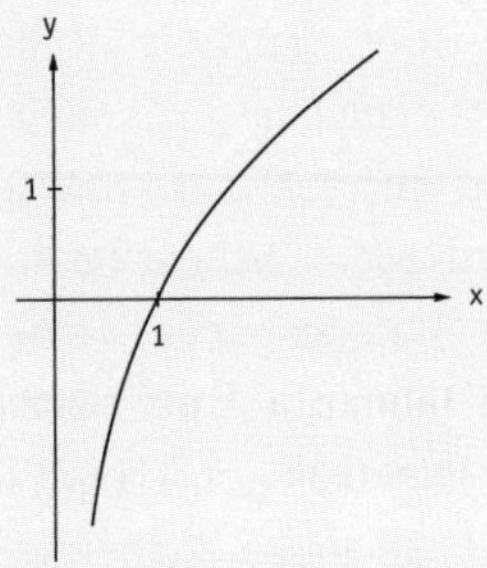

Graph von $x \mapsto \log_a x$ mit $a > 1$

Eigenschaften von $g(x) = \log_a x$

In der Analysis verwendet man wegen der besonders einfachen Ableitungen (→ *Kapitel „Differentialrechnung", Abschnitt 1.2 a*) fast nur die natürliche Exponentialfunktion („e-Funktion") und den natürlichen Logarithmus, gelegentlich sind auch die Basen 2, $\frac{1}{2}$ oder 10 noch in Gebrauch, vor allem in Anwendungen aus den Naturwissenschaften.

Differentialrechnung

Aufbauend auf den Vorarbeiten anderer haben unabhängig voneinander Gottfried Wilhelm Leibniz (1646 – 1716) und Isaac Newton (1643 – 1727) die Differential- und Integralrechnung entwickelt. Der Ausbau der modernen Naturwissenschaften, besonders der Physik, ist ohne Differential- und Integralrechnung nicht denkbar.

1 Die Ableitung

Die Ableitung einer Funktion ist ein Maß für die Stärke der momentanen Änderung.

1.1 Begriff der Ableitung

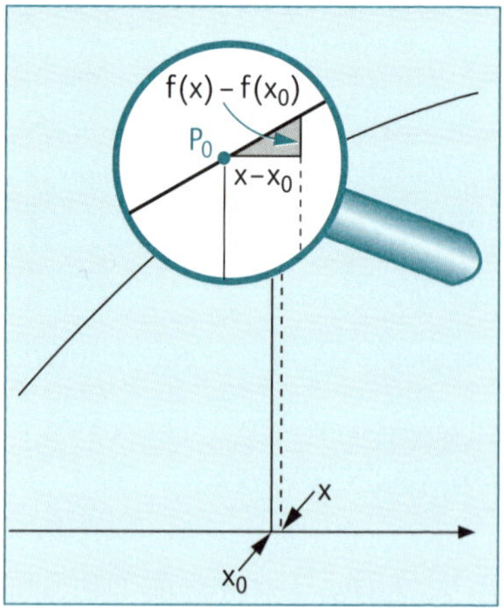

Ziel ist es, den Steigungsbegriff von Geradem (→ *„Grundlagen“, Abschnitt 3.1*) auf Krummes zu übertragen. Schaut man sich den Graphen einer „vernünftigen“ Funktion in der Nähe eines Punktes $P_0(x_0 \mid f(x_0))$ unter der Lupe an, so erscheint er bei starker Vergrößerung „fast gerade“. Mit einem in P_0 angehefteten winzigen Steigungsdreieck ermittelt man einen ungefähren Wert für die Steigung im Punkt P_0. Bei fortwährender Verkleinerung des Steigungsdreiecks wird der Wert immer besser. Im Limes erhält man dann die **Steigung des Graphen** im Punkt P_0 oder, um es in Fachsprache auszudrücken, die **Ableitung von f an der Stelle x_0**. Wir präzisieren dies in der folgenden Definition.

Definition der Ableitung

x_0 sei innerer Punkt oder Randpunkt eines Intervalls, das mit x_0 zum Definitionsbereich D_f der Funktion f gehört.

1. Der Term $\dfrac{f(x) - f(x_0)}{x - x_0} = \dfrac{f(x_0 + h) - f(x_0)}{h}$

   (mit $h = x - x_0$) heißt **Differenzenquotient** von f bezüglich x_0. Er ist definiert für alle $x \in D_f$, $x \neq x_0$, die nahe genug bei x_0 liegen ($h \neq 0$ liegt dann nahe 0) und bestimmt die Steigung einer Geraden durch die Punkte $P_0(x_0 \mid f(x_0))$ und $P(x \mid f(x))$, einer so genannten **Sekanten**.
2. Falls der Limes des Differenzenquotienten für $x \to x_0$ ($h \to 0$) existiert, heißt f **differenzierbar an der Stelle x_0**, der Grenzwert selbst heißt **Ableitung von f an der Stelle x_0** und wird mit $f'(x_0)$ bezeichnet:

   $$f'(x_0) = \lim_{x \to x_0} \frac{f(x) - f(x_0)}{x - x_0} = \lim_{h \to 0} \frac{f(x_0 + h) - f(x_0)}{h}$$

   Anschaulich ist $f'(x_0)$ die Steigung der **Tangenten** an den Graphen von f in P_0.
3. Alle Stellen, an denen f differenzierbar ist, werden zur Menge $D_{f'}$ zusammengefasst. Die Funktion

   $f'\colon\ x \mapsto f'(x)$ für $x \in D_{f'}$

   heißt Ableitung(sfunktion) von f.

Beispiel

Man bestimme $f'(-2)$ für die Funktion $f(x) = x^3$.

Wir gehen wie in → *Grenzwerte bei rationalen Funktionen* vor. Der Zähler des Differenzenquotienten wird 0 für $x = -2$, also kann man $x + 2$ abspalten (Polynomdivision):

$$\frac{x^3 + 8}{x + 2} = \frac{(x + 2)(x^2 - 2x + 4)}{(x + 2)} = x^2 - 2x + 4 \to 12 \text{ für } x \to -2$$

Damit ist $f'(-2) = 12$.

Wenn man die lästige Polynomdivision vermeiden will, kann man auch die h-Variante verwenden. Der Preis besteht in der Anwendung der binomischen Formel $(a + b)^3 = a^3 + 3a^2b + 3ab^2 + b^3$:

$$\frac{(-2 + h)^3 + 8}{h} = \frac{-8 + 12h - 6h^2 + h^3 + 8}{h} = \frac{h(12 - 6h + h^2)}{h}$$
$$= 12 - 6h + h^2$$

Und mit $h \to 0$ erhält man: $f'(-2) = 12$.

1.2 Ableitungsregeln

Mithilfe der Definition aus dem vorigen Abschnitt kann man Regeln herleiten, die einem das Berechnen der Ableitung (das so genannte Ableiten oder Differenzieren) erleichtern.

a) Ableitungen von Grundfunktionen

$f(x)$	D_f	$f'(x)$	$D_{f'}$	Bemerkung
c	$\mathbb{R}$	0	$\mathbb{R}$	$c \in \mathbb{R}$ konstant
x	$\mathbb{R}$	1	$\mathbb{R}$	
x^n	$\mathbb{R}$	$n x^{n-1}$	$\mathbb{R}$	$n \in \mathbb{Z}, n > 0$
x^n	$\mathbb{R}\backslash\{0\}$	$n x^{n-1}$	$\mathbb{R}\backslash\{0\}$	$n \in \mathbb{Z}, n < 0$
$\sqrt{x}$	$\mathbb{R}_0^+$	$\frac{1}{2\sqrt{x}}$	$\mathbb{R}^+$	
x^β	abhängig von β, mindestens $\mathbb{R}^+$	$\beta x^{\beta-1}$	abhängig von β, mindestens $\mathbb{R}^+$	$\beta \in \mathbb{R}$
$\lvert x \rvert$	$\mathbb{R}$	$\operatorname{sgn}(x)$	$\mathbb{R}\backslash\{0\}$	
$\sin x$	$\mathbb{R}$	$\cos x$	$\mathbb{R}$	
$\cos x$	$\mathbb{R}$	$-\sin x$	$\mathbb{R}$	
$\tan x$	$\mathbb{R}\backslash N_{\cos}$	$\frac{1}{\cos^2 x}$	$\mathbb{R}\backslash N_{\cos}$	$\frac{1}{\cos^2 x} = 1 + \tan^2 x$
$\arcsin x$	$[-1, 1]$	$\frac{1}{\sqrt{1 - x^2}}$	$]-1, 1[$	
$\arccos x$	$[-1, 1]$	$-\frac{1}{\sqrt{1 - x^2}}$	$]-1, 1[$	
$\arctan x$	$\mathbb{R}$	$\frac{1}{1 + x^2}$	$\mathbb{R}$	
e^x	$\mathbb{R}$	e^x	$\mathbb{R}$	
$\ln x$	$\mathbb{R}^+$	$\frac{1}{x}$	$\mathbb{R}^+$	
a^x	$\mathbb{R}$	$a^x \cdot \ln a$	$\mathbb{R}$	$a \in \mathbb{R}^+, a \neq 1$
$\log_a x$	$\mathbb{R}^+$	$\frac{1}{x \cdot \ln a}$	$\mathbb{R}^+$	$a \in \mathbb{R}^+, a \neq 1$

b) allgemeine Ableitungsregeln

Die allgemeinen Ableitungsregeln beschreiben, wie sich das Differenzieren mit den Operationen auf Funktionen (→ *„Reelle Funktionen", Abschnitt 2.6*) verträgt.

$c \in \mathbb{R}$ sei konstant; u, v seien für $x \in D$ differenzierbare Funktionen. Dann gelten für alle $x \in D$:

Faktorregel $(c\,u)'(x) = c \cdot u'(x)$

Ein konstanter Faktor bleibt beim Differenzieren erhalten

Summenregel $(u \pm v)'(x) = u'(x) \pm v'(x)$

Eine Summe darf summandenweise differenziert werden.

Produktregel $(u \cdot v)'(x) = u'(x) \cdot v(x) + u(x) \cdot v'(x)$

Quotientenregel

$$\left(\frac{u}{v}\right)'(x) = \frac{u'(x) \cdot v(x) - u(x) \cdot v'(x)}{(v(x))^2} \qquad (v(x) \neq 0 \text{ für } x \in D)$$

Beispiele

Beispiel 1

Die Faktorregel liefert z. B. für $f(x) = 2\cos x,\quad g(x) = 3x^4$

die Ableitungen $f'(x) = -2\sin x,\quad g'(x) = 3 \cdot 4x^3 = 12x^3$.

Polynome kann man nach der Summen- und Faktorregel differenzieren.

Man erhält etwa für $h(x) = -2x^5 + 3x^2 - 4x - 7$

die Ableitung $h'(x) = -10x^4 + 6x - 4$.

(Beim Differenzieren verschwindet der konstante Summand -7 gemäß Summenregel und der ersten Regel in a). Konstante Faktoren bleiben dagegen erhalten.)

Beispiel 2

Sind beide Faktoren von x abhängig, so ist die Produktregel anzuwenden. Bei $f(x) = \sqrt{x} \cdot \sin x$ etwa rechnet man so $(x > 0)$:

$u(x) = \sqrt{x}$ $\qquad u'(x) = \dfrac{1}{2\sqrt{x}}$

$v(x) = \sin x$ $\qquad v'(x) = \cos x$

$$f'(x) = \frac{\sin x}{2\sqrt{x}} + \sqrt{x} \cdot \cos x$$

Beispiel 3

Ein Beispiel für die Quotientenregel ist $f(x) = \dfrac{e^x}{x^2 + 1}$

$u(x) = e^x$ $\qquad u'(x) = e^x$

$v(x) = x^2 + 1$ $\qquad v'(x) = 2x$

$$f(x) = \frac{e^x(x^2 + 1) - e^x \cdot 2x}{(x^2 + 1)^2} = \frac{e^x(x - 1)^2}{(x^2 + 1)^2}$$

Man achte im Zähler auf die richtige Reihenfolge der Summanden.

Beispiel 4

Hier könnte man auch nach der Quotientenregel differenzieren. Es ist aber geschickter, den Funktionsterm erst umzuformen:

$$f(x) = \frac{2x^3 - 4}{x^2} = 2x - 4x^{-2}, \quad f'(x) = 2 + 8x^{-3} = 2 \cdot \frac{x^3 + 4}{x^3} \quad (x \neq 0)$$

Auch für die Verkettung von Funktionen existiert eine Ableitungsregel, die nicht ganz einfach zu verstehende so genannte

Kettenregel

Die Verkettung $u \circ v$ der differenzierbaren Funktionen u, v sei definiert. Dann ist auch $u \circ v$ differenzierbar, und es gilt:
$(u \circ v)'(x) = u'(v(x)) \cdot v'(x)$

u ist hier die äußere, v die innere Funktion *(→ „Relle Funktionen“, Abschnitt 2.6)*. Man differenziert also zunächst die äußere Funktion: $u'(\ldots)$ und setzt die innere ein: $u'(v(x))$; dann multipliziert man mit der Ableitung der inneren Funktion (auch als **Nachdifferenzieren** bezeichnet): $u'\big(v(x)\big) \cdot v'(x)$

Beispiel 5

$f(x) = \sqrt{16 - x^2}$ soll differenziert werden. Für die innere Funktion $v(x)$ führt man geschickterweise eine neue Variable t ein:

$f(x) = u(t)$ mit $u(t) = \sqrt{t}$ und $t = v(x) = 16 - x^2$

(Probe: Substituiert man t in $u(t)$ durch $v(x)$, erhält man $f(x)$.)

$u'(t) = \frac{1}{2\sqrt{t}}$; innere Funktion einsetzen: $u'(v(x)) = \frac{1}{2\sqrt{16 - x^2}}$

$v'(x) = -2x$; nachdifferenzieren: $u'(v(x)) \cdot v'(x) = \frac{1}{2\sqrt{16 - x^2}} \cdot (-2x)$

Damit gilt: $f'(x) = -\frac{x}{\sqrt{16 - x^2}} \qquad (-4 < x < 4)$

Nicht ganz korrekt (aber einprägsam) formuliert man:

Ableitung einer Verkettung
= Ableitung der äußeren mal Ableitung der inneren Funktion

Weitere Beispiele zur Kettenregel folgen im nächsten Abschnitt.

1.3 Die Kettenregel im Leibniz'schen Kalkül

Leibniz schrieb für die Ableitung einer Funktion $y = f(x)$ noch

$$\frac{dy}{dx} = f'(x) \quad \text{(lies: „}dy\text{ nach }dx\text{“)}$$

und nannte die Symbole dx, dy **Differentiale**. Statt Ableitung sprach er vom **Differentialquotienten**. Dabei stehen Differentiale für etwas vom Betrage her unendlich Kleines, was dennoch nicht 0 ist. Der Differentialquotient würde damit zu einem „unendlich kleinen“ Steigungsdreieck mit dx als waagerechter und dy als senkrechter Kathete gehören (→ *Figur am Kapitelanfang*).

In späterer Zeit wurde, da unendlich kleine Größen wie dx, dy in $\mathbb{R}$ nicht existieren, die Leibniz'sche Auffassung verworfen, man führte die Ableitung als Grenzwert des Differenzenquotienten ein. Geblieben ist die Schreibweise als Differentialquotient, aber eben als **rein formale Schreibweise**. So werden auch wir im Folgenden Differentialquotienten verwenden, ohne dass wir in ihnen wirkliche Quotienten sähen. (Erst in jüngerer Zeit kehrten die Differentiale im Rahmen der so genannten **Non-Standard-Analysis** $^*\mathbb{R}$ wieder in die Mathematik zurück. In der **klassischen Analysis** $\mathbb{R}$ bleiben sie undefiniert.)

Beispiel 1

Für $y = 2x^3 - x^2 + 3x - 9$ bekommt man $\frac{dy}{dx} = 6x^2 - 2x + 3$.
Wenn man die unabhängige Variable t, die abhängige z nennt, dann schreibt man etwa bei $z = \sin t \cos t$ nach der Produktregel:

$$\frac{dz}{dt} = \cos t \cdot \cos t + \sin t \cdot (-\sin t) = \cos^2 t - \sin^2 t$$

Außer einer anderen Schreibweise für Ableitungen bieten die Differentialquotienten zunächst nichts Neues. Erst bei der Formulierung der Kettenregel erweisen sie ihre Nützlichkeit.

Wir gehen von differenzierbaren Funktionen u, v aus, deren Verkettung $f = u \circ v$ definiert ist: $x \overset{v}{\mapsto} t \overset{u}{\mapsto} y$

$$\underbrace{x \overset{v}{\mapsto} t \overset{u}{\mapsto} y}_{f}$$

Bei f ist x die unabhängige, y die abhängige Variable: $f'(x) = \frac{dy}{dx}$

Bei u ist t die unabhängige, y die abhängige Variable: $u'(t) = \frac{dy}{dt}$

Bei v ist x die unabhängige, t die abhängige Variable: $v'(x) = \frac{dt}{dx}$

Die Ableitung von f erhält man gemäß Kettenregel als „Ableitung der äußeren mal Ableitung der inneren Funktion", also

$$\frac{dy}{dx} = \frac{dy}{dt} \cdot \frac{dt}{dx}$$ **(Kettenregel im Leibniz-Kalkül).**

(Hierbei wird in der Schreibweise unterdrückt, dass man beim ersten Faktor für t noch v(x) einsetzen muss.)

Wären Differentialquotienten echte Quotienten, so würde es sich hier um nichts anderes als das Kürzen von Brüchen handeln. Und über diese Analogie mit echten Zahlenbrüchen kann man sich die Kettenregel leicht merken. Wie man sie anwendet, zeigen folgende Beispiele.

Beispiele

Beispiel 2

Man bestimme die Ableitung von $f(x) = \ln(x^2 - 1)$ $(|x| > 1)$.

Wir schreiben $y = \ln(x^2 - 1)$ und führen für die innere Funktion („was lästig ist") eine neue Variable t ein: $t = x^2 - 1$.

$y = \ln t$ mit $t = x^2 - 1$

$\frac{dy}{dt} = \frac{1}{t}$ $\quad \frac{dt}{dx} = 2x$

$$\frac{dy}{dx} = \frac{dy}{dt} \cdot \frac{dt}{dx} = \frac{1}{t} \cdot 2x = \frac{1}{x^2 - 1} \cdot 2x = \frac{2x}{x^2 - 1}, \quad \text{also } f'(x) = \frac{2x}{x^2 - 1}$$

Beispiel 3

Man bestimme die Ableitung von $f(x) = e^{\sin x}$

$y = e^t$ mit $t = \sin x$

$\frac{dy}{dt} = e^t$ $\quad \frac{dt}{dx} = \cos x$

$$\frac{dy}{dx} = \frac{dy}{dt} \cdot \frac{dt}{dx} = e^t \cdot \cos x = e^{\sin x} \cdot \cos x, \quad \text{also } f'(x) = e^{\sin x} \cdot \cos x$$

2 Monotonie

Definition der Monotonie

Ist f(x) in einem Intervall I desto größer (bzw. kleiner), je größer x ist, dann heißt f **streng monoton wachsend** (bzw. **fallend**) in I.

Über das Monotonieverhalten in Intervallen gilt der folgende

Monotoniesatz

f sei im Intervall I stetig und im Innern von I differenzierbar.

Ist $f'(x) > 0$ (bzw. $f'(x) < 0$) im Innern von I, so ist f in I streng monoton wachsend (bzw. streng monoton fallend).

Ob f′ auch an den Randpunkten von I existiert und welchen Wert es gegebenenfalls hat, ist unerheblich.

Beispiel 1

Wir betrachten $g(x) = \frac{1}{20}x^5 + \frac{1}{16}x^4 - \frac{7}{12}x^3 - \frac{1}{8}x^2 + \frac{3}{2}x.$

Es ist $g'(x) = \frac{1}{4}(x^4 + x^3 - 7x^2 - x + 6) = \frac{1}{4}(x+3)(x+1)(x-1)(x-2)$

In der folgenden nicht maßstäblichen Skizze beschreiben wir das Monotonieverhalten von g (zur Herleitung → *Kapitel „Stetigkeit / Grenzwert", Abschnitt 1.2, Beispiel 2*).

x		−3		−1		1		2	
g′	$g'(x) > 0$	$g'(x) = 0$	$g'(x) < 0$	$g'(x) = 0$	$g'(x) > 0$	$g'(x) = 0$	$g'(x) < 0$	$g'(x) = 0$	$g'(x) > 0$
g	streng monoton wachsend		streng monoton fallend		streng monoton wachsend		streng monoton fallend		streng monoton wachsend

Die Graphen zeigen den Zusammenhang zwischen dem Vorzeichen von g′ und dem Monotonieverhalten von g:

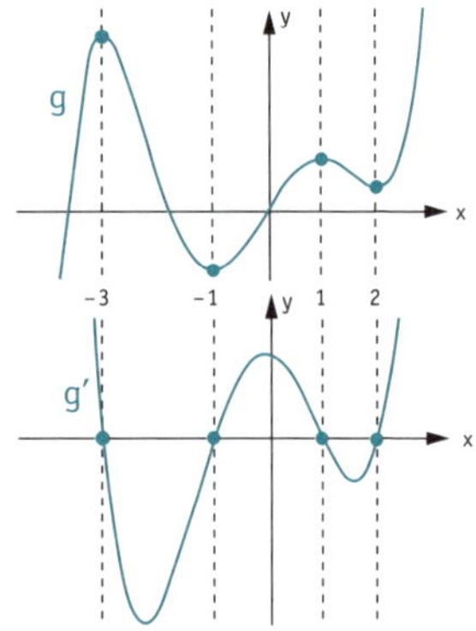

Definition lokales Extremum

Ist $f(x_0)$ der größte (bzw. kleinste) Wert von f in einem gewissen Intervall, das x_0 als inneren Punkt enthält, so sagt man, hat f bei x_0 ein lokales Maximum (Minimum), der Graph von f einen Hochpunkt (Tiefpunkt).

Lokale Minima und Maxima bezeichnet man zusammen als **lokale Extrema**, die Stelle x_0 als **Extremstelle**; $f(x_0)$ ist dann der Wert des Extremums. Ist f differenzierbar, so hat man die folgende

Notwendige Bedingung für ein lokales Extremum

Der Definitionsbereich von f enthalte ein Intervall I, das x_0 als inneren Punkt enthält.

Ist f differenzierbar in I und besitzt f bei x_0 ein lokales Extremum, so ist $f'(x_0) = 0$.

Die Funktion g aus Beispiel 1 besitzt bei −3 und 1 lokale Maxima und bei −1 und 2 lokale Minima. Bei all diesen Stellen hat der Graph die Steigung 0. Beispiel 2 zeigt aber, dass man aus $f'(x_0) = 0$ nicht notwendigerweise auf ein lokales Extremum bei x_0 schließen kann.

Beispiel 2

$f(x) = x^3$ hat die Ableitung

$f'(x) = 3x^2$,

und es ist $f'(0) = 0$.

Dennoch hat der Graph von f bei 0 keinen Hoch- oder Tiefpunkt (→ *Figur am Anfang von Kapitel „Reelle Funktionen", Abschnitt 2.3*).

Offenbar kommt es auf das Monotonieverhalten links und rechts der Stelle x_0 an. Das sagt auch die folgende

Hinreichende Bedingung für ein lokales Extremum I

Der Definitionsbereich von f enthalte ein Intervall I, das x_0 als inneren Punkt enthält. f sei in ganz I stetig und außer eventuell bei x_0 differenzierbar.

Hat f′ bei x_0 von links nach rechts gesehen einen Vorzeichenwechsel $+|-$ (bzw. $-|+$), so hat f bei x_0 ein lokales Maximum (bzw. Minimum).

Ist $f'(x_0) = 0$ und zeigt f′ bei x_0 das Vorzeichenverhalten $+|+$ bzw. $-|-$, so nennt man den Punkt $(x_0 | f(x_0))$ einen **Sattelpunkt** (auch **Terrassenpunkt**). Man mache sich diese hinreichende Bedingung am Beispiel 1 klar. In Beispiel 2 hat f′ bei 0 das Vorzeichenverhalten $+|+$, der Graph also den Sattelpunkt $(0|0)$.

Beispiel 3

$f(x) = |x|$ hat für $x \neq 0$ als Ableitung

$f'(x) = \operatorname{sgn}(x)$,

bei $x = 0$ ist f nicht differenzierbar.

Da f′ bei 0 den Vorzeichenwechsel $-|+$ aufweist, hat der Graph von f bei 0 einen Tiefpunkt (→ *Kapitel „Reelle Funktionen", Abschnitt 2.5*).

Ein weiteres Kriterium verwendet die zweite Ableitung f″. Dies ist die Ableitung der (ersten) Ableitung:

$$f'' = (f')'.$$

Entsprechend definiert man höhere Ableitungen:

$$f''' = (f'')', \quad f^{(4)} = (f''')', \quad f^{(5)} = (f^{(4)})', \ldots$$

f selbst nennt man die 0-te Ableitung: $f^{(0)} = f$.

Hinreichende Bedingung für ein lokales Extremum II

Der Definitionsbereich von f enthalte ein Intervall I, das x_0 als inneren Punkt enthält. f sei in I zweimal differenzierbar.

Ist $f'(x_0) = 0$ und $f''(x_0) > 0$ (bzw. < 0), so hat f bei x_0 ein lokales Minimum (bzw. Maximum).

Beispiel 4

(Fortführung von Beispiel 1)

In Beispiel 1 gilt:

$$g''(x) = \frac{1}{4}(4x^3 + 3x^2 - 14x - 1).$$

Es war $g'(2) = 0$, und man rechnet

$$g''(2) = \frac{15}{4} > 0.$$

Also besitzt der Graph von g den Tiefpunkt $(2 \mid g(2)) = \left(2 \mid \frac{13}{30}\right)$.

Die Kriterien I und II sind hinreichend, aber **nicht notwendig**. Bei II nehme man $f(x) = x^4$ als Gegenbeispiel. Der Graph hat den Tiefpunkt $(0 \mid 0)$, obwohl $f''(0) = 0$ ist.

Gegenbeispiele zur Nichtnotwendigkeit in I sind ziemlich pathologisch. Man konsultiere das Schulbuch oder die Fachliteratur.

3 Krümmung

Die erste Ableitung f′ beschreibt das Änderungsverhalten von f. Entsprechend beschreibt die zweite Ableitung f″ das Änderungsverhalten von f′. Am Graphen von f spiegelt sich dies als Krümmungsverhalten wider.

Definition von Krümmung und Wendepunkt

f sei eine differenzierbare Funktion.

Ist f′ im Innern des Intervalls I streng monoton wachsend (bzw. streng monoton fallend), so heißt der Graph von f **linksgekrümmt** oder **konvex** (bzw. **rechtsgekrümmt** oder **konkav**) über I.

Eine Stelle, an der sich das Krümmungsverhalten ändert, heißt **Wendestelle** der Funktion, der zugehörige Punkt des Graphen von f **Wendepunkt**.

Da Krümmung über die Monotonie von f′ definiert ist, kann man die Sätze aus dem → *Abschnitt 2*, übernehmen, wenn man sie auf f′ statt f anwendet.

Satz über das Krümmungsverhalten

f sei im Innern des Intervalls I zweimal differenzierbar, f′ existiere in ganz I und sei stetig.

Ist $f''(x) > 0$ (bzw. $f''(x) < 0$) im Innern von I, so ist der Graph von f über I linksgekrümmt (bzw. rechtsgekrümmt).

Notwendige Bedingung für eine Wendestelle

Der Definitionsbereich von f enthalte ein Intervall I, das x_0 als inneren Punkt enthält. Ist f zweimal differenzierbar in I und besitzt f bei x_0 eine Wendestelle, so ist $f''(x_0) = 0$.

Hinreichende Bedingung für eine Wendestelle I

Der Definitionsbereich von f enthalte ein Intervall I, das x_0 als inneren Punkt enthält. f′ existiere in ganz I und sei stetig. Ferner sei f in I außer eventuell bei x_0 zweimal differenzierbar.

Hat f″ bei x_0 einen Vorzeichenwechsel, so hat f bei x_0 eine Wendestelle.

Hinreichende Bedingung für eine Wendestelle II

Der Definitionsbereich von f enthalte ein Intervall I, das x_0 als inneren Punkt enthält. f sei in I dreimal differenzierbar.

Ist $f''(x_0) = 0$ und $f'''(x_0) \neq 0$, so ist x_0 Wendestelle von f.

Beispiel

Es sei $f(x) = \frac{1}{\sqrt{1 + x^2}} = (1 + x^2)^{-\frac{1}{2}}$, also $f'(x) = -x(1 + x^2)^{-\frac{3}{2}}$ und

$$f''(x) = -(1 + x^2)^{-\frac{3}{2}} + 3x^2 \cdot (1 + x^2)^{-\frac{5}{2}} = \frac{-(1 + x^2) + 3x^2}{(1 + x^2)^{\frac{5}{2}}} = \frac{2x^2 - 1}{(1 + x^2)^{\frac{5}{2}}}$$

Zur Berechnung von f′ braucht man die Kettenregel und zu der von f″ Produkt- und Kettenregel. f″ wird 0 nur bei $\pm\sqrt{0{,}5}$ (Zähler null setzen).

Wie in → *Beispiel 2 im Kapitel „Stetigkeit und Grenzwert", Abschnitt 1.2* bestimmen wir das Vorzeichen in den Teilintervallen.

Aus $f''(-1) = f''(1) > 0$ und $f''(0) < 0$ (Vorzeichen des Zählers entscheidet, der Nenner ist positiv) folgt:

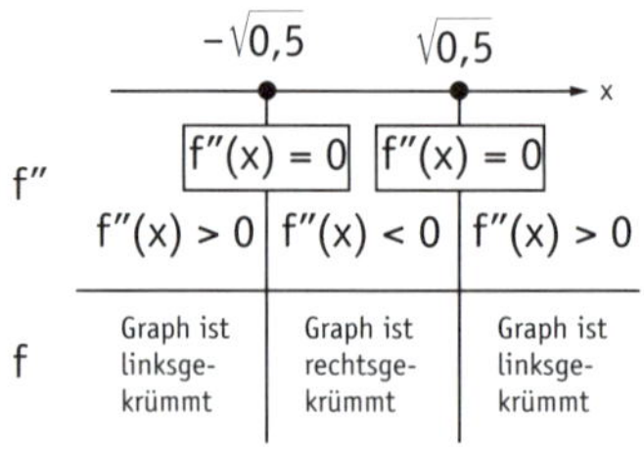

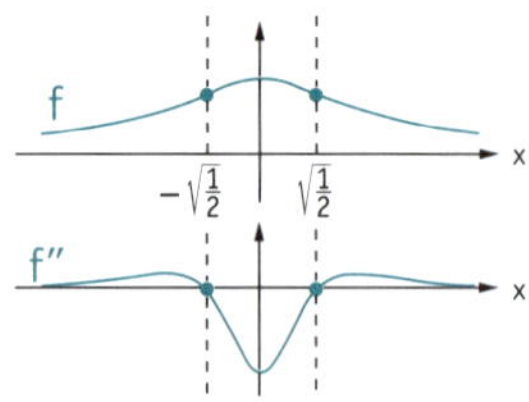

Da f″ an seinen Nullstellen das Vorzeichen ändert, sind diese Wendestellen und $\left(\pm\sqrt{\frac{1}{2}} \middle| \sqrt{\frac{2}{3}}\right)$ Wendepunkte. Wegen $f(-x) = f(x)$ und $f''(-x) = f''(x)$ sind die Graphen symmetrisch zur y-Achse.

4 Die Ableitung der Umkehrfunktion

Eine Funktion ist umkehrbar, wenn jeder Funktionswert nur einmal angenommen wird. Die Umkehr**funktion** von f wird mit f^{-1} bezeichnet (man unterscheide das von der Hochzahl -1 bei einer **Variablen**: $x^{-1} = \frac{1}{x}$). Wenn f aus der Eingabe x die Ausgabe y berechnet: $y = f(x)$, so gibt f^{-1}, auf y angewandt, x zurück: $x = f^{-1}(y)$, ebenso umgekehrt. Ein- und Ausgaben tauschen also ihre Rollen, insbesondere ist $D_{f^{-1}} = W_f$, $W_{f^{-1}} = D_f$. Den Graphen von f^{-1} erhält man aus dem von f durch Spiegelung an der Winkelhalbierenden des I. und III. Quadranten. Wir hatten das schon bei den Wurzel-, Arcus- und Logarithmusfunktionen so gemacht.

Es ist plausibel, dass aus der Differenzierbarkeit von f die von f^{-1} folgt (bei der Spiegelung der Graphen werden auch die Tangenten an den Graphen gespiegelt). Ausnahmen sind die Stellen, bei denen $f'(x) = 0$ ist: Aus einer waagerechten Tangente beim Graphen von f wird eine senkrechte (unendliche Steigung) beim Graphen von f^{-1}. Die Verkettung $f^{-1} \circ f$ ist die Identität $id(x) = x$:

$$x \overset{f}{\mapsto} y \overset{f^{-1}}{\mapsto} x \qquad \text{(id)} \qquad\qquad f^{-1}(f(x)) = x$$

Wegen $id'(x) = 1$ folgt aus der Kettenregel der Satz über die

Ableitungen von Funktion und Umkehrfunktion

f sei im Intervall I differenzierbar und streng monoton wachsend bzw. streng monoton fallend.

Dann ist f umkehrbar und es gilt für alle $x \in I$ mit $f'(x) \neq 0$:

$$(f^{-1})'(y) \cdot f'(x) = 1,$$

wobei x, y durch $y = f(x)$ oder gleichbedeutend $x = f^{-1}(y)$ aneinander gebunden sind.

(Die Monotoniebedingung garantiert die Umkehrbarkeit von f.)

Beispiel 1

Wir greifen das → *Beispiel 1 aus Abschnitt 2* wieder auf. g war in $[-3, -1]$ streng monoton fallend, ist dort also umkehrbar.

Die Werte von g über $[-3, -1]$ liegen zwischen den Ordinaten von Tief- und Hochpunkt, also in $\left[-\frac{247}{240}, \frac{243}{80}\right]$. Wir schränken g entsprechend ein:

$$y = g(x) = \frac{1}{20}x^5 + \frac{1}{16}x^4 - \frac{7}{12}x^3 - \frac{1}{8}x^2 + \frac{3}{2}x$$

mit $D_g = [-3, -1]$, $W_g = \left[-\frac{223}{240}, \frac{243}{80}\right]$

Es existiert jetzt die Umkehrfunktion

$x = g^{-1}(y)$ mit $D_{g^{-1}} = \left[-\frac{223}{240}, \frac{243}{80}\right]$, $W_{g^{-1}} = [-3, -1]$

$g^{-1}(y)$ kann nicht durch algebraische Umformungen bestimmt werden. Den Graphen bekommt man dennoch leicht durch Spiegeln.

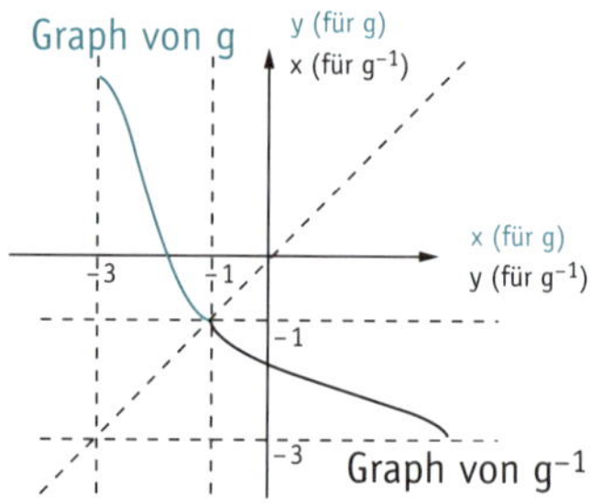

(Es irritiert vielleicht, dass bei g^{-1} die Eingaben y und die Ausgaben x heißen: y ist auf der Abszissen- und x auf der Ordinatenachse abzutragen. Das ist ungewöhnlich, aber korrekt. Man sollte halt doch nicht, wie wir es meist getan haben, „x-Achse" und „y-Achse" sagen! Vielfach werden, um den Anschluss an das Gewohnte zu bekommen, die Variablen umbenannt ($x \leftrightarrow y$). Nach getaner Arbeit darf man dies tun, aber nicht, solange man mit g und g^{-1} im selben Kontext, z. B. mit der Gleichung des Satzes „Ableitungen von Funktion und Umkehrfunktion" auf der vorigen Seite, arbeitet.)

Es ist $g'(x) = \frac{1}{4}(x^4 + x^3 - 7x^2 - x + 6)$, also z. B. $g'(-2) = -3$.
Zu $x = -2$ korrespondiert $y = g(-2) = \frac{17}{30}$.
Es gilt daher:

$$(g^{-1})'\left(\frac{17}{30}\right) \cdot g'(-2) = 1 \Leftrightarrow (g^{-1})'\left(\frac{17}{30}\right) = \frac{1}{g'(-2)} \Leftrightarrow (g^{-1})'\left(\frac{17}{30}\right) = -\frac{1}{3}$$

Im Leibniz'schen Kalkül schreibt sich der Satz über die Ableitungen von Funktion und Umkehrfunktion besonders elegant:

$$\frac{dx}{dy} \cdot \frac{dy}{dx} = 1 \quad \left(\frac{dy}{dx} = f'(x),\ \frac{dx}{dy} = (f^{-1})'(y)\right)$$

Beispiel 2

Wir bestimmen die Ableitung des Arcussinus.

Dieser ist die Umkehrfunktion des Sinus bezüglich $\left[-\frac{\pi}{2}, \frac{\pi}{2}\right]$:

$y = \sin x$ mit $D_{\sin} = \left[-\frac{\pi}{2}, \frac{\pi}{2}\right]$, $W_{\sin} = [-1, 1]$

$x = \arcsin y$ mit $D_{\arcsin} = [-1, 1]$, $W_{\arcsin} = \left[-\frac{\pi}{2}, \frac{\pi}{2}\right]$

Für $x \in \left]-\frac{\pi}{2}, \frac{\pi}{2}\right[$ ist $y \in \left]-1, 1\right[$ und $\frac{dy}{dx} = \cos x > 0$, also gilt:

$$\frac{dx}{dy} \cdot \frac{dy}{dx} = 1 \iff \frac{dx}{dy} \cdot \cos x = 1$$

$$\overset{\text{trigonometrischer Pythagoras}}{\iff} \frac{dx}{dy} \cdot \sqrt{1 - \sin^2 x} = 1$$

$$\iff \frac{dx}{dy} \cdot \sqrt{1 - y^2} = 1$$

$$\iff \frac{dx}{dy} = \frac{1}{\sqrt{1 - y^2}}$$

Die Arbeit ist getan, jetzt benennen wir um und stellen fest:

$f(x) = \arcsin x$ hat die Ableitung $f'(x) = \frac{1}{\sqrt{1 - x^2}}$ $\quad (-1 < x < 1)$

5 Das Newton-Verfahren

Nullstellen allein durch algebraische Umformungen zu bestimmen, ist, von einfachen Fällen abgesehen, nicht möglich. Ein gutes Mittel zur Nullstellenbestimmung ist das

Newton-Verfahren

f sei in $I = [a, b]$ zweimal differenzierbar und für alle $x \in I$ gelte entweder $f''(x) > 0$ oder $f''(x) < 0$. Haben $f(a)$ und $f(b)$ unterschiedliche Vorzeichen, so besitzt f in I genau eine Nullstelle. Man erhält diese als Grenzwert der Folge $x_0, x_1, x_2, \ldots$ mit

$$x_{k+1} = x_k - \frac{f(x_k)}{f'(x_k)} \quad \text{für } k \geq 0$$

Für den (ansonsten beliebigen) Startwert $x_0 \in I$ ist $\operatorname{sgn}(f''(x_0)) = \operatorname{sgn}(f(x_0))$ vorauszusetzen.

Beispiel

Wir bestimmen die Nullstellen von $f(x) = e^x + x$.

$f(-1) \approx -0{,}6$ und $f(0) = 1$ zeigen, dass in $I = [-1; 0]$ eine Nullstelle liegt (Zwischenwertsatz).

Für alle $x \in \mathbb{R}$ ist $f'(x) = e^x + 1 > 0$ (denn $e^x > 0$), also ist f in ganz $\mathbb{R}$ streng monoton wachsend (Monotoniesatz).

Es gibt daher genau eine Nullstelle, und zwar in I. Wegen $f''(x) = e^x > 0$ sind alle Voraussetzungen des Satzes erfüllt.

$x_0 = 0$ ist ein erlaubter Startwert (Signumbedingung, oben) und man berechnet mit

$$x_{k+1} = x_k - \frac{e^{x_k} + x_k}{e^{x_k} + 1}$$

$x_1 = -0{,}5$; $x_2 = -0{,}5663\ldots$, $x_3 = -0{,}5671\ldots$; $x_4 = -0{,}5671\ldots$ usw.

$-0{,}5671\ldots$ ist damit die einzige Nullstelle von f.

Differentialrechnung

Integralrechnung

Mit der Integralrechnung bestimmt man Inhalte von krummlinig Begrenztem, z. B. Flächeninhalte, Rauminhalte (auch Kurvenlängen).

1 Das bestimmte Integral

Wir betrachten endliche Flächen, die durch einfache Kurvenstücke (wie z. B. Graphen differenzierbarer Funktionen) begrenzt werden, und gehen davon aus, dass diesen ein Flächeninhalt ≥ 0 zukommt. Zerfällt eine Fläche in sich nicht überlappende Teilflächen, so erhält man ihren Inhalt als Summe der Inhalte der Teilflächen. Kurven sehen wir als entartete Flächen mit Flächeninhalt 0 an.

1.1 Begriff des bestimmten Integrals

Wir geben eine anschauliche, allerdings nicht ganz präzise Definition des bestimmten Integrals.

Definition des bestimmten Integrals

f sei im Intervall $I = [a, b]$ stetig.

Der Graph von f, die Abszissenachse und die vertikalen Geraden bei $x = a$ und $x = b$ begrenzen eine Fläche A. Dann definiert man das bestimmte Integral über $f(x)\,dx$ in den Grenzen von a (untere Grenze) bis b (obere Grenze) durch

$$\int_a^b f(x)\,dx = \begin{cases} \text{Summe der Inhalte aller Flächenstücke von A,} \\ \text{die oberhalb der Abszissenachse liegenden positiv, die unterhalb der Abszissenachse liegenden} \\ \text{negativ gerechnet.} \end{cases}$$

Man setzt noch $\int_a^a f(x)\,dx = 0$ und

für $a > b$: $\int_a^b f(x)\,dx = -\int_b^a f(x)\,dx$

f könnte in I unendlich viele Nullstellen haben, so dass in der Definition eine Summe mit unendlich vielen Summanden aufträte (unendliche Reihe). Wir werden diesen Fall außer Acht lassen.

In $f(x)\,dx$ ist dx ein **Leibniz'sches Differential**. Es wird wie ein Faktor hinter f(x), dem so genannten **Integranden**, behandelt und hat zunächst keine tiefere Bedeutung, als die unabhängige Variable von f (die **Integrationsvariable**) anzugeben. Erst im Zusammenhang mit der Substitutionsregel *(→ Abschnitt 3.2)* erweist sich seine Nützlichkeit.

Beispiele

Beispiel 1: $\int_{-2}^{1} x\,dx = -\frac{3}{2}$

Die in der Definition genannte Fläche A setzt sich aus zwei Dreiecken zusammen mit den Inhalten $F_1 = \frac{1}{2} \cdot 2 \cdot 2 = 2$, $F_2 = \frac{1}{2} \cdot 1 \cdot 1 = \frac{1}{2}$. Der Wert des Integrals ist daher

$-F_1 + F_2 = -2 + \frac{1}{2} = -\frac{3}{2}$

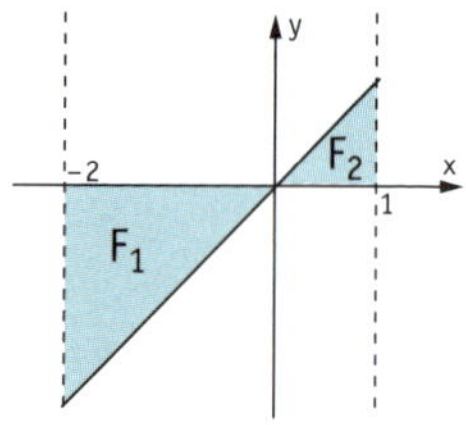

Beispiel 2: $\int_{a}^{b} c\,dx = c \cdot (b - a)$

Das Differential gibt x als Integrationsvariable an, c ist daher eine Konstante. Hier ist nur eine Rechtecksfläche zu berechnen. Man überlege sich, warum die Formel auch für $c \leq 0$ oder $a \geq b$ richtig ist.

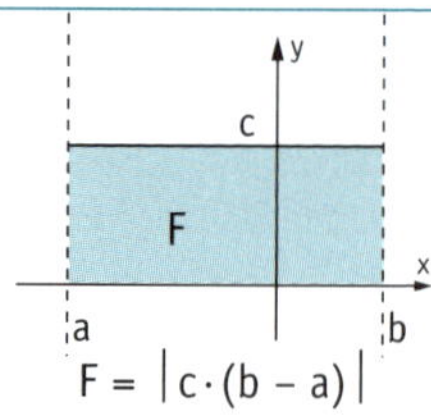

Beispiel 3: $\int_{-\pi}^{\pi} \sin x\,dx = 0$

Aus der Symmetrie des Sinusgraphen folgt die Kongruenz der Teilflächen, so dass $F_1 = F_2$ gilt. Ohne diesen Wert zu kennen, berechnet man den Wert des Integrals als $-F_1 + F_2 = 0$

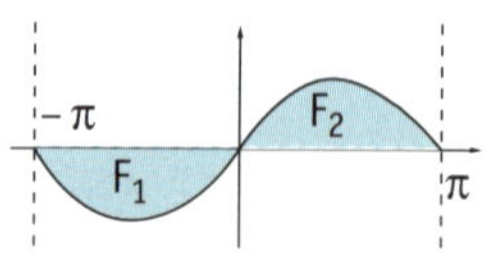

Die Beispiele sind nicht typisch, sie dienen nur dazu, sich mit dem Integralbegriff vertraut zu machen. Es sollen ja nicht Integrale mittels Flächen, sondern Flächen mittels Integralen berechnet werden.

Integralrechnung

1.2 Regeln für das bestimmte Integral

Bei den folgenden Regeln sind f, g stetige Funktionen, die auf den vorkommenden Intervallen definiert seien, $\lambda \in \mathbb{R}$ ist eine Konstante.

a) Intervall-Additivität

$$\int_a^c f(x)\,dx + \int_c^b f(x)\,dx = \int_a^b f(x)\,dx$$

Die Regel gilt bei jeder Lage von a, b, c auf dem Zahlenstrahl

Beispiel 1 (→ Beispiel 1 aus dem vorigen Abschnitt)

$$\int_{-2}^{1} x\,dx = \int_{-2}^{0} x\,dx + \int_{0}^{1} x\,dx = -2 + \frac{1}{2} = -\frac{3}{2}$$

b) Linearität

- Ein konstanter Faktor darf vor das Integral gezogen werden.

$$\int_a^b \lambda \cdot f(x)\,dx = \lambda \cdot \int_a^b f(x)\,dx$$

- Eine Summe (Differenz) darf gliedweise integriert werden.

$$\int_a^b \left(f(x) \pm g(x)\right)dx = \int_a^b f(x)\,dx \pm \int_a^b g(x)\,dx$$

Beispiel 2 (→ Beispiele 2 und 3 aus dem vorigen Abschnitt)

$$\int_{-\pi}^{\pi} (5 + 2\sin x)\,dx = \int_{-\pi}^{\pi} 5\,dx + \int_{-\pi}^{\pi} 2\sin x\,dx$$

$$= \int_{-\pi}^{\pi} 5\,dx + 2\int_{-\pi}^{\pi} \sin x\,dx$$

$$= 5 \cdot \left(\pi - (-\pi)\right) + 2 \cdot 0 = 10\pi$$

c) Monotonie

Ist $a < b$ und $f(x) \le g(x)$ für $x \in [a, b]$, so gilt:

$$\int_a^b f(x)\,dx \le \int_a^b g(x)\,dx$$

2 Der Hauptsatz der Differential- und Integralrechnung

Der **Hauptsatz der Differential- und Integralrechnung** (HDI) ist der zentrale Satz der Analysis. Integration und Differentiation erweisen sich gewissermaßen als Umkehrungen voneinander.

2.1 Stammfunktion und Integralfunktion

Definition der Stammfunktion

Gibt es zu einer Funktion f eine differenzierbare Funktion F, so dass $F'(x) = f(x)$ für alle $x \in D_f$ gilt, so nennt man F eine Stammfunktion von f.

Offenbar ist der Begriff Stammfunktion ein Begriff der Differentialrechnung, denn von Integralen ist hier nirgendwo die Rede.

Beispiel

$F(x) = \frac{1}{3}x^3$ und $\overline{F}(x) = \frac{1}{3}x^3 - \frac{3}{3002}$ sind Stammfunktionen von

$f(x) = x^2$, denn $F'(x) = \overline{F}'(x) = x^2$.

Man hat offenbar die Freiheit, bei F eine beliebige Konstante zu addieren. Wenn D_f ein Intervall ist, ist das auch die einzige Freiheit.

Freiheit bei Stammfunktionen

Ist F eine feste Stammfunktion von f im Intervall I, so erhält man jede mögliche Stammfunktion von f in I, indem man zu F eine beliebige Konstante addiert.

Der Satz wird falsch, wenn man die Voraussetzung „Intervall" fallen lässt. So sind z. B. die Funktionen F, $\overline{F}$ mit

$$F(x) = \begin{cases} 2 - x^{-1} & \text{für } x < 0 \\ 15 - x^{-1} & \text{für } x > 0 \end{cases}, \quad \overline{F}(x) = -x^{-1} \quad \text{für } x \neq 0$$

beide Stammfunktionen von $f(x) = x^{-2}$ in $\mathbb{R}\setminus\{0\}$. Es gibt aber keine für ganz $\mathbb{R}\setminus\{0\}$ gültige Konstante, um die sich F, $\overline{F}$ unterscheiden.

Definition der Integralfunktion

f sei stetig im Intervall I und $a \in I$ fest gewählt.
Dann heißt die für $x \in I$ definierte Funktion

$$F_a\colon\ x \mapsto \int_a^x f(t)\,dt$$

Integralfunktion von f (zur unteren Grenze a).

Integralfunktion ist ein Begriff der Integralrechnung. Beim Integral ist die obere Grenze x variabel, dadurch wird F_a zu einer Funktion von x. Da der Name x jetzt vergeben ist, wird die Integrationsvariable umbenannt (z. B. hier in t).

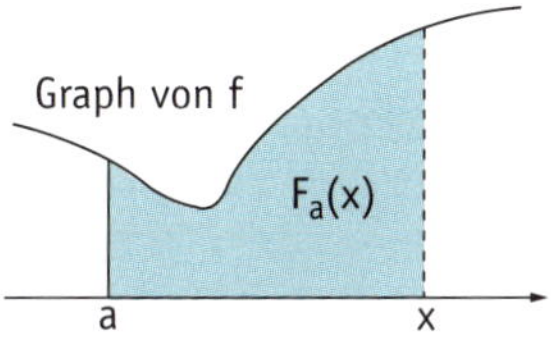

Der HDI stellt den Zusammenhang zwischen Integral- und Stammfunktion her.

Hauptsatz der Differential- und Integralrechnung (HDI)

Jede Integralfunktion ist eine Stammfunktion des Integranden:

Für $F_a(x) = \int_a^x f(t)\,dt$ gilt also $F_a'(x) = f(x)$

(mit einem in einem Intervall I stetigen f und $a, x \in I$)

Unter allen Stammfunktionen von f ist F_a diejenige Funktion mit a als Nullstelle.

Der HDI ermöglicht die

Berechnung bestimmter Integrale mit Stammfunktionen

Ist F eine Stammfunktion der stetigen Funktion f im Intervall I, so gilt für $a, b \in I$:

$$\int_a^b f(x)\,dx = F(b) - F(a)$$

Man schreibt $[F(x)]_{x=a}^{x=b} = F(b) - F(a)$ oder, falls die unabhängige Variable von F zweifelsfrei feststeht, kürzer $[F(x)]_a^b = F(b) - F(a)$.

Beispiel

$$\int_{-2}^{2} \frac{e^x}{e^x + 1}\,dx$$

Eine Stammfunktion des Integranden ist $y = F(x) = \ln(e^x + 1)$.

Denn mit $y = \ln t$, wobei $t = e^x + 1$ ist, gilt: $\frac{dy}{dt} = \frac{1}{t}$ und $\frac{dt}{dx} = e^x$,

also $F'(x) = \frac{dy}{dt} \cdot \frac{dt}{dx} = \frac{e^x}{e^x + 1}$ (→ *Kettenregel aus Beispiel 2, Abschnitt 3.2*)

Es folgt: $\int_{-2}^{2} \frac{e^x}{e^x + 1}\,dx = [\ln(e^x + 1)]_{-2}^{2} = \ln(e^2 + 1) - \ln(e^{-2} + 1)$

$$= \ln(e^2 + 1) - \ln\frac{e^2 + 1}{e^2}$$

$$\underset{\text{2. Logarithmusgesetz}}{=} \ln \frac{e^2 + 1}{\frac{e^2 + 1}{e^2}} = \ln e^2 = 2$$

2.2 Das unbestimmte Integral

Motiviert durch den HDI führt man das unbestimmte Integral

$\int f(x)\,dx$ (Integralzeichen ohne Integrationsgrenzen)

als Befehl im Sinne von „bestimme eine Stammfunktion von f" ein. Da man nach dem Satz aus → *dem vorigen Abschnitt* die Freiheit hat, eine beliebige Konstante zu addieren, ist das unbestimmte Integral einer Funktion **nicht eindeutig bestimmt**. Wir erläutern dies an Beispielen.

Beispiel 1

$\int \sin x\,dx = 1 - \cos x$ oder ebensogut: $\int \sin x\,dx = -\cos x$

Die rechten Seiten sind nämlich Stammfunktionen des Integranden, wie man durch Differenzieren bestätigt. Man darf jedoch nicht den Schluss ziehen, dass deshalb $1 - \cos x = -\cos x$ gilt, was auf den Widerspruch $1 = 0$ führen würde.

Bei unbestimmten Integralen wird das Gleichheitszeichen nicht wie üblich gebraucht. Vielmehr gilt:

Steht auf der rechten oder linken Seite eines Gleichheitszeichens ein unbestimmtes Integral, so gilt an dieser Stelle nur Gleichheit bis auf eine additive Konstante, d. h., gilt bezüglich eines Intervalls
$\int f(x)\,dx = F(x)$ und $\int f(x)\,dx = \bar{F}(x)$,
so folgt hieraus nur $F(x) = \bar{F}(x) + C$ mit einer Konstanten C.

Beispiel 2

Für die Funktionen $F(x) = \sin^2 x$ und $\bar{F}(x) = -\cos^2 x$ gilt gemäß Kettenregel $F'(x) = \bar{F}'(x) = 2\sin x\cos x$, so dass man

$\int 2\sin x\cos x\,dx = \sin^2 x$ oder $\int 2\sin x\cos x\,dx = -\cos^2 x$

hat. Man darf hier nicht auf die Gleichheit der rechten Seiten schließen, sondern nur auf $\sin^2 x = -\cos^2 x + C$. Setzt man $x = 0$ ein, so folgt $0 = -1 + C$, also $C = 1$. Es gilt daher: $\sin^2 x + \cos^2 x = 1$, und das ist der trigonometrische Pythagoras!

Dass man bei unbestimmten Integralen das Gleichheitszeichen verwendet, ist historisch bedingt, wenn auch, wie die Beispiele zeigen, nicht ungefährlich. Passieren kann nichts, solange man sich an die Abmachung vor Beispiel 2 hält. Die Regeln aus → *Kapitel „Differentialrechnung", Abschnitt 1.2, a* kann man jetzt andersherum als Regeln für unbestimmte Integrale lesen. Sie gelten in jedem Intervall, in dem der jeweilige Integrand stetig ist. Selbstverständlich kann man bei der angegebenen Stammfunktion eine beliebige Konstante addieren.

$f(x)$	$\int f(x)\,dx$
c ($c \in \mathbb{R}$ konstant)	cx
x^{β} ($\beta \in \mathbb{R}\setminus\{-1\}$)	$\frac{1}{\beta+1}x^{\beta+1}$
$\frac{1}{x}$ $(x > 0)$	$\ln x$
$\frac{1}{x}$ $(x < 0)$	$\ln(-x)$
$\sin x$	$-\cos x$
$\cos x$	$\sin x$

$f(x)$	$\int f(x)\,dx$
$\tan x$	$-\ln\lvert\cos x\rvert$
e^x	e^x
$\ln x$	$-x + x \cdot \ln x$
a^x ($a \in \mathbb{R}^+$, $a \neq 1$)	$\frac{a^x}{\ln a}$
$\frac{1}{\sqrt{1-x^2}}$	$\arcsin x$
$\frac{1}{1+x^2}$	$\arctan x$

3 Integrationsmethoden

Wie man Summen integriert und einen konstanten Faktor behandelt, wurde schon in → *Abschnitt 1.2, b* behandelt. Die dortigen Regeln gelten auch für unbestimmte Integrale. Schwieriger ist es mit Produkten, Quotienten und Verkettungen. Schon relativ einfach aussehende Integrale können nicht mehr elementar integriert werden. Man ist zur Bestimmung einer Stammfunktion auf numerische Verfahren angewiesen. Mit der partiellen Integration (→ *Abschnitt 3.1*) und der Substitutionsregel (→ *Abschnitt 3.2*) kann man Integrale ineinander umrechnen. Bei geschickter Anwendung ist das neue Integral einfacher zu berechnen als das alte.

3.1 Partielle Integration

Wir setzen voraus, dass die Funktionen u, v in einem Intervall I (mit a, b ∈ I) differenzierbar und ihre Ableitungen stetig sind. Dann gilt in diesem Intervall die Regel für die

Partielle Integration

$$\int u'(x) \cdot v(x)\,dx = u(x) \cdot v(x) - \int u(x) \cdot v'(x)\,dx$$

Entsprechend für bestimmte Integrale:

$$\int_a^b u'(x) \cdot v(x)\,dx = [u(x) \cdot v(x)]_a^b - \int_a^b u(x) \cdot v'(x)\,dx$$

Die Regel kann nur angewandt werden, wenn man von einem Faktor (u′(x)) bereits eine Stammfunktion (u(x)) kennt.

Beispiele

Beispiel 1: $\int e^{-x} \sin x\,dx$

Mit $u'(x) = e^{-x}$, $u(x) = -e^{-x}$ und $v(x) = \sin x$, $v'(x) = \cos x$ gilt:

$$\int e^{-x} \sin x\,dx = -e^{-x} \sin x - \int -e^{-x} \cos x\,dx = -e^{-x} \sin x + \int e^{-x} \cos x\,dx$$

Mit $u'(x) = e^{-x}$, $u(x) = -e^{-x}$ und $v(x) = \cos x$, $v'(x) = -\sin x$ gilt:

$$\int e^{-x} \cos x\,dx = -e^{-x} \cos x - \int -e^{-x}(-\sin x)\,dx = -e^{-x} \cos x - \int e^{-x} \sin x\,dx$$

Damit rechnet man oben weiter und bekommt:

$$\int e^{-x} \sin x\,dx = -e^{-x}(\sin x + \cos x) - \int e^{-x} \sin x\,dx$$

Da rechts wieder das gesuchte Integral steht, addiert man dieses auf beiden Seiten der Gleichung, dividiert dann durch 2 und erhält:

$\int e^{-x} \sin x \, dx = -\frac{1}{2} e^{-x} (\sin x + \cos x)$

Beispiel 2: $\int_1^3 2x \ln x \, dx$

Wir nehmen $u'(x) = 2x$ (also $u(x) = x^2$) und $v(x) = \ln x$ (also $v'(x) = \frac{1}{x}$) und erhalten:

$$\int_1^3 2x \ln x \, dx = [x^2 \ln x]_1^3 - \int_1^3 x^2 \cdot \frac{1}{x} dx = 9 \ln 3 - \ln 1 - \int_1^3 x \, dx$$

$$= 9 \ln 3 - \left[\frac{1}{2} x^2\right]_1^3 = 9 \ln 3 - \left(\frac{9}{2} - \frac{1}{2}\right) = 9 \ln 3 - 4 \approx 5{,}89$$

3.2 Substitutionsregel

Die Funktion u sei in einem Intervall I (mit $a, b \in I$) differenzierbar und ihre Ableitung sei stetig. Dann gelten (bei der zweiten Formel sei zusätzlich $u(x) \neq 0$ für $x \in I$) die folgenden zwei

Spezialfälle der Substitutionsregel

$\int u'(x) \cdot u(x) \, dx = \frac{1}{2} (u(x))^2$ $\qquad$ $\int \frac{u'(x)}{u(x)} dx = \ln |u(x)|$

Entsprechend für bestimmte Integrale:

$\int_a^b u'(x) \cdot u(x) \, dx = \left[\frac{1}{2} (u(x))^2\right]_a^b$ $\qquad$ $\int_a^b \frac{u'(x)}{u(x)} dx = \left[\ln |u(x)|\right]_a^b$

Beispiele

Beispiel 1: $\int_1^e \frac{\ln x}{x} dx$: Mit $u(x) = \ln x$ gilt $u'(x) \cdot u(x) = \frac{\ln x}{x}$, also

$$\int_1^e \frac{\ln x}{x} dx = \left[\frac{1}{2} (\ln(x))^2\right]_1^e = \frac{1}{2}\left((\ln e)^2 - (\ln 1)^2\right) = \frac{1}{2}(1 - 0) = \frac{1}{2}$$

Beispiel 2: $\int \frac{e^x}{e^x + 1} dx$: Mit $u(x) = e^x + 1$ ist $\frac{u'(x)}{u(x)} = \frac{e^x}{e^x + 1}$, also

$\int \frac{e^x}{e^x + 1} dx = \ln(e^x + 1)$ (wegen $e^x + 1 > 0$ ohne Betragsstriche)

Integralrechnung

u, v seien in Intervallen definierte stetige Funktionen, deren Verkettung $u \circ v$ möglich ist. Ferner sei v differenzierbar mit stetiger Ableitung. Dann gilt die

Substitutionsregel I

$\int u(v(t)) \cdot v'(t)\,dt = \int u(x)\,dx$, wobei $x = v(t)$ zu setzen ist.

Entsprechend für bestimmte Integrale (mit $a, b \in D_v$):

$$\int_a^b u(v(t)) \cdot v'(t)\,dt = \int_{v(a)}^{v(b)} u(x)\,dx$$

Ist zusätzlich v umkehrbar, so gilt auch die

Substitutionsregel II

$\int u(x)\,dx = \int u(v(t)) \cdot v'(t)\,dt$, wobei $t = v^{-1}(x)$ zu setzen ist.

Entsprechend für bestimmte Integrale (mit $\alpha, \beta \in D_u$):

$$\int_\alpha^\beta u(x)\,dx = \int_{v^{-1}(\alpha)}^{v^{-1}(\beta)} u(v(t)) \cdot v'(t)\,dt \quad (\alpha, \beta \in D_u)$$

Schreibt man für die Ableitung von $x = v(t)$ nach Leibniz

$$(*) \quad \frac{dx}{dt} = v'(t),$$

so sieht man, dass man bei der Substitutionsregel I im linken Integral $v(t)$ durch x und $v'(t)\,dt$ durch dx ersetzen muss, um das rechte Integral zu bekommen (entsprechend umgekehrt bei der Substitutionsregel II). $dx = v'(t)\,dt$ erhält man aber aus (*) durch **formale Multiplikation** mit dt, indem man also so tut, als wären die Differentiale dx und dt gewöhnliche reelle Variable. Ob dabei diesen Zeichen eine wirkliche Bedeutung zukommt und gegebenenfalls welche, ist unerheblich für die Anwendung der Regel.

Die Integralschreibweise ist historisch entstanden aus der Vorstellung, man würde den Funktionswert f(x) mit einer positiven Größe dx von unendlich kleinem Betrag multiplizieren, so dass das Produkt f(x) dx den Flächeninhalt eines unendlich schmalen Rechtecks der Höhe

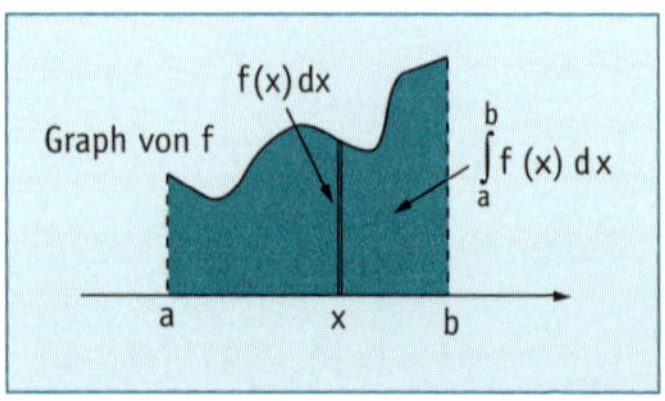

f(x) darstellte. Durch Aufsummieren all dieser Inhalte zwischen a und b (∫ für Summe) erhält man den Inhalt der Fläche unter dem Graphen.)

Es folgen Beispiele zur Substitutionsregel.

Beispiele

Beispiel 3: $\int \frac{e^{\sqrt{t}}}{\sqrt{t}}\,dt$; mit $x = \sqrt{t}$ ist $\frac{dx}{dt} = \frac{1}{2\sqrt{t}}$, also $\frac{dt}{\sqrt{t}} = 2\,dx$:

$$\int \frac{e^{\sqrt{t}}}{\sqrt{t}}\,dt = \int 2\,e^x\,dx = 2\,e^x = 2\,e^{\sqrt{t}}$$

Beispiel 4

Für feste $a, b > 0$ stellt der Graph der Funktion $y = \frac{b}{a}\sqrt{a^2 - x^2}$ (mit $-a \le x \le a$) die obere Hälfte einer Ellipse um $0(0\,|\,0)$ mit den Halbachsen a und b dar. Das folgende Integral wird mithilfe der Substitution

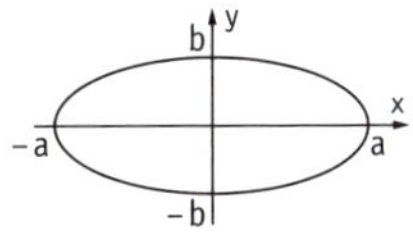

$$x = v(t) = a \cdot \sin t, \text{ also } dx = a \cdot \cos t\,dt \left(-\frac{\pi}{2} \le t \le \frac{\pi}{2}\right)$$

$$v\left(-\frac{\pi}{2}\right) = -a, \text{ also } v^{-1}(-a) = -\frac{\pi}{2}; \qquad v\left(\frac{\pi}{2}\right) = a, \text{ also } v^{-1}(a) = \frac{\pi}{2}$$

berechnet. Man erhält so den Flächeninhalt A der Ellipse:

$$A = 2\int_{-a}^{a} \frac{b}{a}\sqrt{a^2 - x^2}\,dx = \frac{2b}{a}\int_{-\frac{\pi}{2}}^{\frac{\pi}{2}} \sqrt{a^2 - a^2\sin^2 t}\cdot a\cdot \cos t\,dt$$

$$= 2ab\int_{-\frac{\pi}{2}}^{\frac{\pi}{2}} \sqrt{1 - \sin^2 t}\cdot \cos t\,dt \overset{\text{t. P.*}}{=} ab\int_{-\frac{\pi}{2}}^{\frac{\pi}{2}} 2\cos^2 t\,dt$$

$$\overset{\text{t. P.*}}{=} ab\int_{-\frac{\pi}{2}}^{\frac{\pi}{2}} (\cos^2 t - \sin^2 t + 1)\,dt$$

$$= ab\int_{-\frac{\pi}{2}}^{\frac{\pi}{2}} \underbrace{(\cos t - \sin t)}_{w'(t)}\underbrace{(\cos t + \sin t)}_{w(t)}\,dt + ab\int_{-\frac{\pi}{2}}^{\frac{\pi}{2}} dt$$

$$= \frac{1}{2}ab\left[(\sin t + \cos t)^2\right]_{-\frac{\pi}{2}}^{\frac{\pi}{2}} + \pi ab = \frac{1}{2}ab(1 - 1) + \pi ab = \pi ab$$

Dabei wurde der Spezialfall vom Anfang des Abschnitts verwendet.

* t.P. = trigonometrischer Pythagoras

4 Uneigentliche Integrale

Von einem **uneigentlichen** Integral spricht man, wenn das Integrationsintervall I unendlich ist (als Integrationsgrenzen sind also auch $\pm\infty$ zulässig) oder der Integrand f an einer der beiden Integrationsgrenzen einen uneigentlichen Grenzwert hat. Im Innern von I muss f definiert und stetig sein. Ist das Integral etwa bezüglich der oberen Grenze b uneigentlich, so heißt es **konvergent**, wenn der Grenzwert

$$\lim_{\beta\to b}\int_a^\beta f(x)\,dx \quad \text{(Annäherung von } \beta \text{ an b aus dem Innern von I)}$$

als eigentlicher Grenzwert existiert, andernfalls heißt es **divergent**. Bei Konvergenz legt man

$$\int_a^b f(x)\,dx = \lim_{\beta\to b}\int_a^\beta f(x)\,dx$$

als Wert des uneigentlichen Integrals fest. (Entsprechend geht es bei Uneigentlichkeit bezüglich der unteren Grenze.)

Beispiele

Beispiel 1: $\int_0^\infty e^{-x}\sin x\,dx$

Das Integral ist an der oberen Grenze uneigentlich. Eine Stammfunktion kennen wir bereits aus → *Beispiel 1 in 3.1*. Daher gilt:

$$\int_0^\beta e^{-x}\sin x\,dx = \left[-\frac{1}{2}e^{-x}(\sin x + \cos x)\right]_0^\beta = \frac{1}{2} - \frac{1}{2}\underbrace{e^{-\beta}(\sin\beta + \cos\beta)}_{\to 0 \text{ für } \beta\to\infty}$$

($\sin\beta$ und $\cos\beta$ schwanken zwischen -1 und 1, während $e^{-\beta}$ für $\beta\to\infty$ gegen 0 strebt.) Das uneigentliche Integral ist konvergent:

$$\int_0^\infty e^{-x}\sin x\,dx = \frac{1}{2}$$

Beispiel 2: $\int_0^1 \frac{e^{\sqrt{x}}}{\sqrt{x}}\,dx$

Das Integral ist an der unteren Grenze uneigentlich: der Integrand strebt gegen ∞ für $x \to 0 + 0$. Nach → *Beispiel 3 in Abschnitt 3.2* gilt für $\alpha \in \,]0, 1[$:

$$\int_{\alpha}^{1} \frac{e^{\sqrt{x}}}{\sqrt{x}}\,dx = \left[2\,e^{\sqrt{x}}\right]_{\alpha}^{1} = 2e - 2e^{\sqrt{\alpha}} \to 2e - 2 \quad \text{für } \alpha \to 0 + 0$$

Auch hier ist das Integral also konvergent: $\int_{0}^{1} \frac{e^{\sqrt{x}}}{\sqrt{x}}\,dx = 2e - 2$

Beispiel 3: $\int_{1}^{\infty} \frac{dx}{\sqrt{x}}$

Es gilt mit einem $\beta > 1$: $\int_{1}^{\beta} \frac{dx}{\sqrt{x}} = \int_{1}^{\beta} x^{-\frac{1}{2}}\,dx = \left[2\,x^{\frac{1}{2}}\right]_{1}^{\beta} = 2\sqrt{\beta} - 2 \to \infty$ für $\beta \to \infty$

Das uneigentliche Integral ist divergent.

5 Anwendungen der Integralrechnung

Das Integral gibt die Flächenbilanz der Fläche zwischen dem Graphen der Funktion und der x-Achse an, d. h., es bewertet Flächen oberhalb positiv und unterhalb negativ. Ist man daher am eigentlichen Flächeninhalt interessiert, muss man beim Integranden zum Betrag übergehen. So ist es auch bei dem folgenden Satz über den

Flächeninhalt zwischen Graphen

f, g seien in [a, b] stetig. Dann hat die Fläche, die durch die Graphen von f, g und die Geraden $x = a$, $x = b$ begrenzt wird, den Inhalt

$$A = \int_{a}^{b} |\,f(x) - g(x)\,|\,dx.$$

Um ohne die lästigen Betragsstriche auszukommen, bestimmt man die Teilintervalle, in denen $f(x) \geq g(x)$ bzw. $g(x) \geq f(x)$ ist, und integriert intervallweise über $f(x) - g(x)$ bzw. $g(x) - f(x)$.

Beispiel 1

Es soll der Flächeninhalt A zwischen den Graphen von $f(x) = \sin x$ und $g(x) = \cos x$ über $I = [0, \pi]$ bestimmt werden.

Die Graphen schneiden sich in I genau einmal: Aus $\sin x = \cos x$ folgt (Division durch $\cos x$) $\tan x = 1$, also $x = \frac{\pi}{4}$ *(→ Kapitel „Transzendente Funktionen", Abschnitt 1.1)*.

Im Intervall $\left[0; \frac{\pi}{4}\right]$ gilt $\cos x \geq \sin x$, in $\left[\frac{\pi}{4}; \pi\right]$ dagegen $\sin x \geq \cos x$:

$$A = \int_0^{\frac{\pi}{4}} (\cos x - \sin x)\,dx + \int_{\frac{\pi}{4}}^{\pi} (\sin x - \cos x)\,dx$$

$$= [\sin x + \cos x]_0^{\frac{\pi}{4}} + [-\cos x - \sin x]_{\frac{\pi}{4}}^{\pi}$$

$$= \left(2 \cdot \frac{\sqrt{2}}{2} - 1\right) + \left(1 + 2 \cdot \frac{\sqrt{2}}{2}\right) = 2\sqrt{2}$$

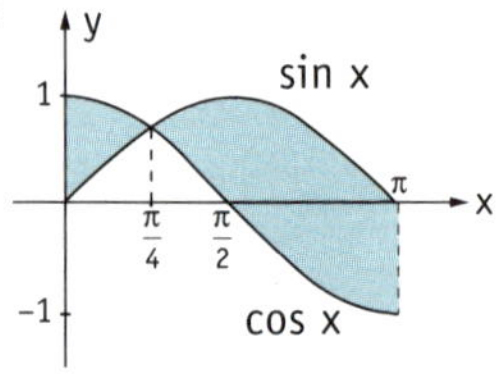

Die Integralrechnung kann auch bei der Volumenberechnung eingesetzt werden. Besonders einfach wird es beim

Volumen von Rotationskörpern

f sei in [a, b] stetig mit $f(x) \geq 0$. Durch Rotation des Graphen von f um die x-Achse entsteht ein Rotationskörper. Er hat das Volumen

$$V = \pi \cdot \int_a^b \left(f(x)\right)^2 dx$$

Beispiel 2

Durch Rotation des Graphen von

$$y = f(x) = \frac{1}{2}\sqrt{4x^3 + \frac{5}{4}x + \frac{9}{8}} \quad \text{für } x \in [-0{,}5; 1]$$

um die x-Achse (x, y Längenangaben in Metern) entsteht eine Glocke der Höhe h = 1,5 m vom Durchmesser d ≈ 2,52 m an der Öffnung.

Man berechnet

$$\pi \int_{-0{,}5}^{1} \frac{1}{4}\left(4x^3 + \frac{5}{4}x + \frac{9}{8}\right) dx$$

$$= \frac{\pi}{4}\left[x^4 + \frac{5}{8}x^2 + \frac{9}{8}x\right]_{-0{,}5}^{1}$$

$$= \frac{99}{128}\pi \approx 2{,}4298 \text{ als Volumen in m}^3:$$

$V_{Glocke} \approx 2{,}4298\ m^3 \approx 2430$ Liter.

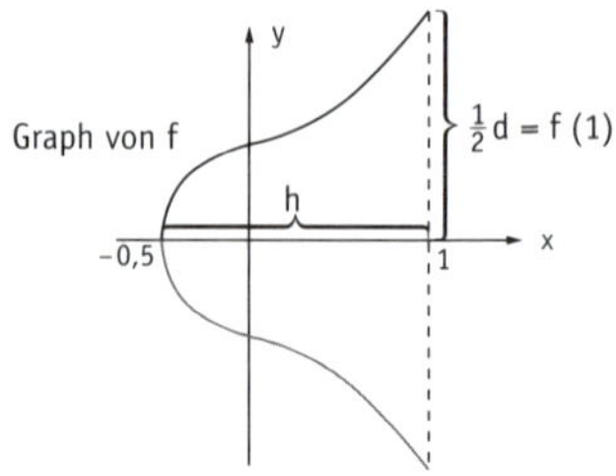

Kurvendiskussion

Die in den vorigen Kapiteln beschriebenen Methoden stellen Verfahren zur Beschreibung des Verlaufs eines Funktionsgraphen bereit. Wir beginnen mit einem Nachtrag über Symmetrie.

1 Symmetrie des Graphen

Symmetrie zur y-Achse bzw. zum Ursprung

Der Graph einer Funktion ist genau dann symmetrisch zur y-Achse, falls gilt:

$f(-x) = f(x)$ für alle $x \in D_f$

Der Graph einer Funktion ist genau dann punktsymmetrisch zum Ursprung, falls gilt:

$f(-x) = -f(x)$ für alle $x \in D_f$

(Der Definitionsbereich D_f von f muss dabei symmetrisch bezüglich der Null sein.)

Funktionen mit $f(-x) = f(x)$ heißen **gerade**, solche mit $f(-x) = -f(x)$ **ungerade**. So ist z. B. der Kosinus gerade, der Sinus oder Tangens ungerade (→ *Kapitel „Transzendente Funktionen", Abschnitt 1.1*). Ganzrationale Funktionen, deren definierendes Polynom nur gerade (bzw. ungerade) Potenzen enthält, sind gerade (bzw. ungerade). Eine Funktion braucht natürlich weder gerade noch ungerade zu sein (z. B. die e-Funktion).

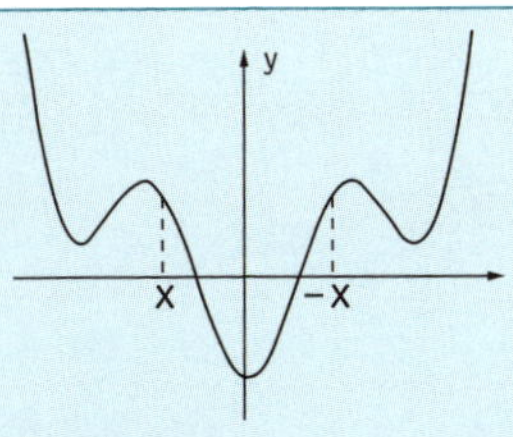

$f(-x) = f(x)$
gerade Funktion
Symmetrie zur y-Achse

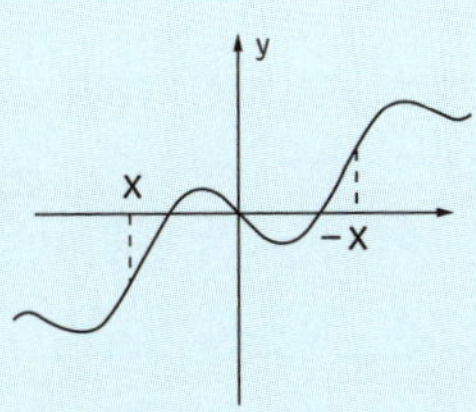

$f(-x) = -f(x)$
ungerade Funktion
Punktsymmetrie zum Ursprung

Man kann auch leicht Kriterien zur Symmetrie bezüglich der Geraden x = a bzw. zur Punktsymmetrie bezüglich S angeben.

Symmetrie zur Geraden x = a bzw. zum Punkt S

Der Graph einer Funktion ist genau dann symmetrisch zur Geraden $x = a$, falls gilt:

$f(a - x) = f(a + x)$ für alle $x \in D_f$

Der Graph einer Funktion ist genau dann punktsymmetrisch zum Punkt $S(a \mid b)$, falls gilt:

$b - f(a - x) = f(a + x) - b$ für alle $x \in D_f$

(Der Definitionsbereich D_f von f muss dabei symmetrisch bezüglich der Stelle a sein.)

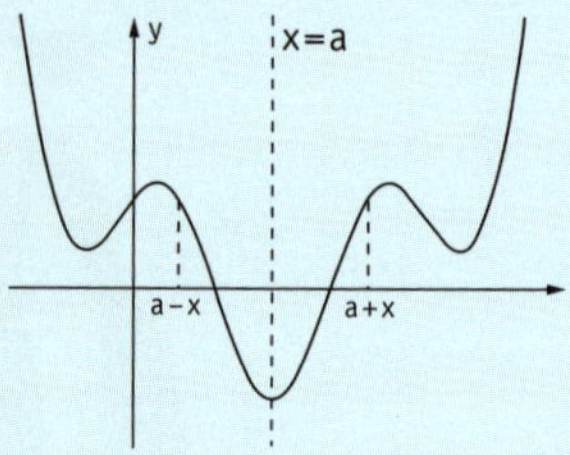

$f(a - x) = f(a + x)$
Symmetrie zur Geraden $x = a$

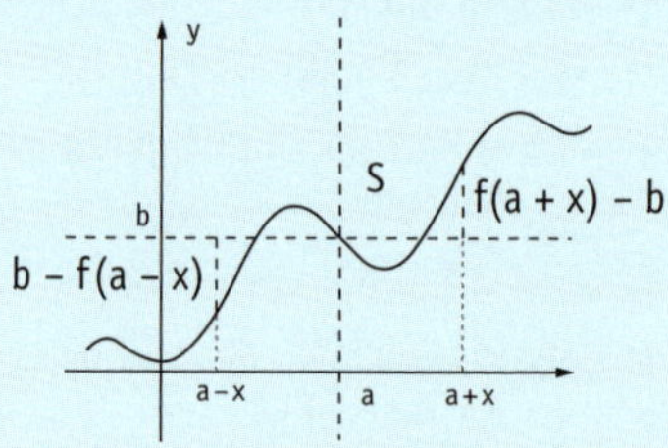

$b - f(a - x) = f(a + x) - b$
Punktsymmetrie zum Punkt $S(a \mid b)$

Beispiel

Man zeige, dass der Graph von $f(x) = \frac{5x - 2x^2 - 1}{2x - x^2}$ zu $S(1 \mid 2)$ symmetrisch ist.

Wir formen die zu überprüfende Bedingung äquivalent um:

Zu zeigen: $f(a + x) + f(a - x) = 2b$ (mit $a = 1$; $b = 2$)

$$f(1 + x) + f(1 - x) = \frac{5(1 + x) - 2(1 + x)^2 - 1}{2(1 + x) - (1 + x)^2} + \frac{5(1 - x) - 2(1 - x)^2 - 1}{2(1 - x) - (1 - x)^2}$$

$$= \frac{2 + x - 2x^2}{1 - x^2} + \frac{2 - x - 2x^2}{1 - x^2}$$

$$= \frac{4 - 4x^2}{1 - x^2} = \frac{4(1 - x^2)}{1 - x^2}$$

$$= 4$$

Die rechte Seite entspricht $2b$, damit ist der Nachweis erbracht.

2 Elemente der Kurvendiskussion

Welche Aspekte bei einer Funktion f von Interesse sind, hängt wesentlich vom Typ ab. So wird man, wenn trigonometrische Funktionen involviert sind, nach Periodizität fragen und bei Exponentialfunktionen vielleicht eher das Wachstum studieren. Die folgende Aufstellung bietet daher nur eine Auswahl der Möglichkeiten dar.

a) Symmetrie

Stellt man eine Symmetrie fest, so braucht man im Folgenden bei symmetrisch liegenden Fällen nur einen Fall durchzugehen.

b) Randverhalten

Man untersucht, wie f sich an den Rändern des Definitionsbereichs verhält (dazu zählen auch die Definitionslücken). Bei einer ganzrationalen Funktion etwa ist dies das Verhalten für $x \to \pm\infty$, bei einer gebrochenrationalen Funktion das Verhalten für $x \to \pm\infty$ sowie an den Definitionslücken.

c) Nullstellen von f, Vorzeichenbereiche

Die Nullstellen von f zusammen mit dem Zwischenwertsatz (→ *Kapitel „Stetigkeit und Grenzwert", Abschnitt 1.2*) erlauben es, die Vorzeichenbereiche von f zu ermitteln. Sehr oft kann man mit b), c) den Graphen qualitativ schon recht gut skizzieren.

d) Nullstellen von f′, Monotonieverhalten

Die ungefähre Lage von Hoch- und Tiefpunkten folgt oft schon aus b) und c). Um Genaueres zu erfahren, bestimmt man die Nullstellen von f′ und eventuell das Monotonieverhalten von f (→ *Kapitel „Differentialrechnung", Abschnitt 2*).

e) Nullstellen von f″, Krümmungsverhalten

Für die „Feinzeichnung" untersucht man das Krümmungsverhalten des Graphen. Der Weg führt über die Nullstellen von f″ (→ *Kapitel „Differentialrechnung", Abschnitt 3*).

3 Kurvendiskussion am Beispiel einer gebrochenrationalen Funktion

Wir gehen die Punkte aus dem vorigen Kapitel am Beispiel einer gebrochenrationalen Funktion durch und bringen noch ein paar Ergänzungen.

Rationale Funktionen

Entsteht ein Term aus dem Grundterm x und reellen Zahlen durch endlichmalige Anwendung der **rationalen Operationen** Addition, Subtraktion, Multiplikation und Division, so nennt man diesen Term einen **rationalen Term** in x über $\mathbb{R}$. Jeder solche Term kann auf die Form

(1) $f(x) = \dfrac{p(x)}{q(x)}$ mit Polynomen $p(x)$, $q(x)$

gebracht werden.

Kann eine Funktion f durch einen rationalen Term (1) definiert werden, so heißt sie **rationale Funktion**. (Sie heißt **gebrochenrational**, wenn sie nicht ganzrational und auch nicht zu einer ganzrationalen Funktion stetig fortsetzbar ist.) Ist der Grad von $q(x)$ größer als der von $p(x)$, so heißt f **echt gebrochen**.

Jede rationale Funktion f kann eindeutig in der Form

(2) $f(x) = g(x) + r(x)$ mit **ganzrationalem g** und **echt gebrochenem r** geschrieben werden.

Beispiel

Im Folgenden sei f durch

(•) $f(x) = \dfrac{x^5 - 4x^4 - 2x^3 + 8x^2 + 5x - 4}{4(x^2-1)^2}$ für $x \in \mathbb{R}\setminus\{-1; 1\}$

definiert. Wenn man den Nenner ausmultipliziert, erhält man die Darstellung (1). Da der Nennergrad 4 kleiner als der Zählergrad 5 ist, ist f nicht echt gebrochen. Mithilfe der Polynomdivision

$$\begin{array}{rrrrrrl}
x^5 & -4x^4 & -2x^3 & +8x^2 & +5x & -4 & = \underbrace{(x^4 - 2x^2 + 1)}_{(x^2-1)^2}(x-4) + 4x \\
-(x^5 & & -2x^3 & & +x &) & \\
\hline
 & -4x^4 & & +8x^2 & +4x & -4 & \\
 & -(-4x^4 & & +8x^2 & & -4) & \\
\hline
 & & & & 4x & &
\end{array}$$

kann man (2) aus (1) herstellen:

$$(\bullet\bullet)\quad f(x) = \frac{(x^2-1)^2(x-4)+4x}{4(x^2-1)^2} = \underbrace{\frac{1}{4}x-1}_{g(x)} + \underbrace{\frac{x}{(x^2-1)^2}}_{r(x)}$$

mit ganzrationalem g und echt gebrochenem r. Für später berechnen wir die Ableitungen von f. Dafür ist (••) geeigneter als (•):

$$f'(x) = \frac{1}{4} + \frac{1\cdot(x^2-1)^2 - x\cdot 2(x^2-1)\cdot 2x}{(x^2-1)^4} = \frac{1}{4} + \frac{x^2-1-4x^2}{(x^2-1)^3}$$

$$= \frac{1}{4} - \frac{3x^2+1}{(x^2-1)^3}$$

$$f''(x) = -\frac{6x\cdot(x^2-1)^3 - (3x^2+1)\cdot 3(x^2-1)^2\cdot 2x}{(x^2-1)^6}$$

$$= -\frac{6x\cdot(x^2-1)-(3x^2+1)\cdot 6x}{(x^2-1)^4} = \frac{12x\cdot(x^2+1)}{(x^2-1)^4}$$

Wir beginnen nun die Kurvendiskussion mit → *dem Punkt a) aus Abschnitt 2*, der

Untersuchung auf Symmetrie

In der Darstellung (••) ändern die Summanden (außer dem konstanten −1) ihr Vorzeichen, wenn x das Vorzeichen ändert. Es liegt daher in Erinnerung an das → *Beispiel in Abschnitt 1* nahe, f(−x) und f(x) zu addieren, damit sich die Glieder gegenseitig wegheben:

$$f(-x)+f(x) = -\frac{1}{4}x - 1 - \frac{x}{(x^2-1)^2} + \frac{1}{4}x - 1 + \frac{x}{(x^2-1)^2} = -2$$

Es gilt somit $f(0-x)+f(0+x) = 2\cdot(-1)$, was zeigt, dass der Graph von f bezüglich $S(0\,|\,-1)$ punktsymmetrisch ist.

Es folgt die

Bestimmung des Randverhaltens

Wir beginnen mit $x \to \pm\infty$. Der echt gebrochene Summand r(x) in (••) strebt für $x \to \pm\infty$ gegen 0, also gilt: $f(x) - g(x) \to 0$ für $x \to \pm\infty$ (→ *Beispiel 3 aus Kapitel „Stetigkeit/Grenzwert", Abschnitt 2.4*).
Damit schmiegt sich der Graph von f für $x \to \pm\infty$ an die Gerade $y = \frac{1}{4}x - 1$ an. Diese ist eine schräge Asymptote des Graphen von f für $x \to \pm\infty$. Dies ist auch allgemein richtig:

Asymptoten rationaler Funktionen für $x \to \pm\infty$

In der Darstellung (2) schmiegt sich für $x \to \pm\infty$ der Graph von f an den Graphen von g an. Ist g linear, so ist der Graph von g eine Gerade. Sie heißt **waagerechte Asymptote**, falls g konstant ist, und **schräge Asymptote**, falls g den Grad 1 hat.

Beispiel (Fortsetzung)

Im konkreten Fall (••) kann man noch mehr sagen: Wegen $r(x) > 0$ für $x \to \infty$ schmiegt sich der Graph von f von oben an die schräge Asymptote an und für $x \to -\infty$ aufgrund der Punktsymmetrie von unten.

Wir untersuchen nun f(x) an den Definitionslücken. g(x) ist endlich für $x \to 1$, und es gilt $r(x) \to \infty$ für $x \to 1 - 0$ wie auch für $x \to 1 + 0$. Damit hat f bei $x = 1$ einen Pol ohne Vorzeichenwechsel vom Typ $+|+$. Die Gerade $x = 1$ ist eine senkrechte Asymptote des Graphen von f. Wegen der Punktsymmetrie bezüglich S ist auch $x = -1$ eine senkrechte Asymptote und der Pol bei $x = -1$ ist vom Typ $-|-$.

Schon jetzt kann man sich eine ungefähre Vorstellung vom Verlauf des Graphen machen. Mehr noch: Es ist klar, dass der Graph von f in $]-\infty, -1[$ einen Hoch- und in $]1, \infty[$ einen Tiefpunkt besitzen muss.
Ferner schneidet er in $]-1, 1[$ die x-Achse. Dagegen ist noch nicht entschieden, ob, wie es die Skizze suggeriert, f in $]1, \infty[$ Nullstellen hat. Denn der Graph könnte ja hier ganz oberhalb der x-Achse verlaufen.

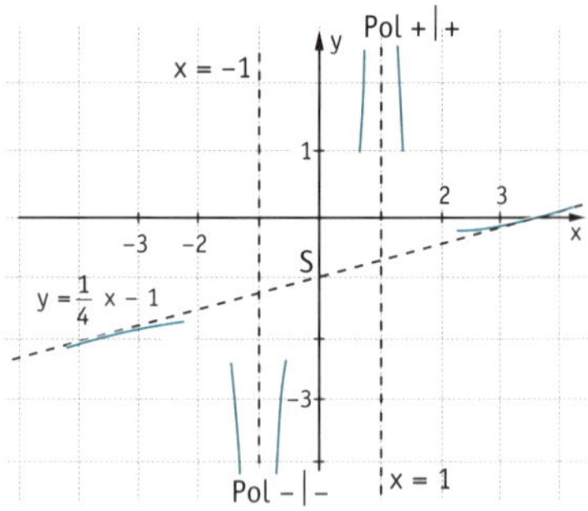

Es gilt allgemein über

Pole und senkrechte Asymptoten

Ist $x = a$ Definitionslücke der rationalen Funktion f und hat f für $x \to a$ einen uneigentlichen Grenzwert, so, sagt man, besitzt f einen Pol bei $x = a$. Die Gerade $x = a$ ist dann **senkrechte Asymptote** des Graphen.

Beispiel (Fortsetzung)

Gemäß c) wären jetzt die Nullstellen von f an der Reihe. Dafür ist (•) günstiger als (••). Man muss ja nur den Zähler gleich 0 setzen. Dieser ist jedoch ein Polynom 5. Grades, und eine Nullstelle ist nicht unmittelbar zu sehen. Wegen dieser rechnerischen Schwierigkeiten übergehen wir diesen Punkt erst einmal und widmen uns der

Untersuchung des Monotonieverhaltens

Wir bestimmen die Nullstellen von f′. Dazu substituieren wir $x^2 = t$:

$$\frac{1}{4} - \frac{3x^2 + 1}{(x^2 - 1)^3} = 0 \Leftrightarrow (t - 1)^3 - 12t - 4 = 0 \Leftrightarrow t^3 - 3t^2 - 9t - 5 = 0$$

Man findet $t = 5$ als Lösung und kann daher $t - 5$ abspalten:

$$\begin{array}{llll} t^3 & -3t^2 & -9t & -5 \quad = (t-5)(t^2+2t+1) \\ -(t^3 & -5t^2 & &) \\ \hline & 2t^2 & -9t & -5 \\ & -(2t^2 & -10t &) \\ \hline & & t & -5 \\ & & -(t & -5) \\ \hline & & & 0 \end{array}$$

$$(t - 5)(t + 1)^2 = 0 \Leftrightarrow (x^2 - 5)(x^2 + 1)^2 = 0$$

Nur der erste Faktor wird 0, und zwar für $x = \pm\sqrt{5}$. Da wir schon wissen, dass f in $]1, \infty[$ ein lokales Minimum hat, bei einem solchen aber die Ableitung verschwinden muss (notwendige Bedingung aus → *Kapitel „Differentialrechnung", Abschnitt 2*), $\sqrt{5}$ hinwieder die einzige Stelle x in $]1, \infty[$ mit $f'(x) = 0$ ist, muss sich bei $\sqrt{5}$ das lokale Minimum befinden. (Die Überprüfung einer hinreichenden Bedingung aus → *Kapitel „Differentialrechnung", Abschnitt 2* erübrigt sich also hier.)

Wegen der Punktsymmetrie ist bei $-\sqrt{5}$ das lokale Maximum in $]-\infty,-1[$. Im Intervall $]-1, 1[$ besitzt f′ keine Nullstelle und hat als stetige Funktion daher ein festes Vorzeichen, und zwar wegen $f'(0) = \frac{5}{4} > 0$ ein positives. Daher ist f in $]-1, 1[$ streng monoton wachsend. Das Monotonieverhalten von f ist jetzt vollständig bekannt:

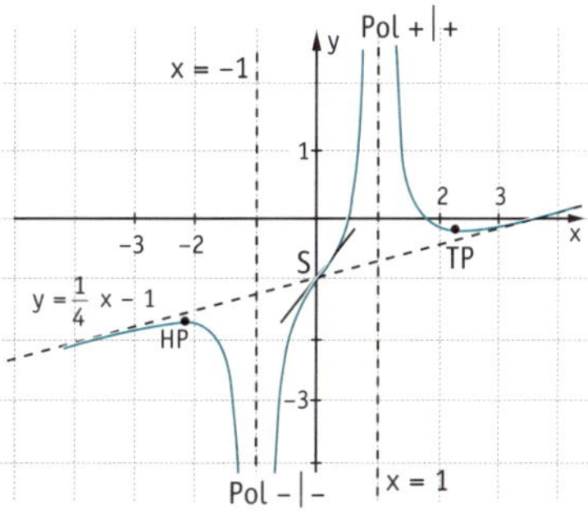

Wenn man von links nach rechts schaut, so verläuft der Graph zunächst unterhalb der schrägen Asymptote, steigt

Kurvendiskussion

an bis zum Hochpunkt HP$(-\sqrt{5}\,|\approx -1{,}7)$ und fällt dann nach $-\infty$ (Pol bei -1). In $]-1, 1[$ wächst f streng monoton von $-\infty$ bis ∞ (Pol bei 1). Folglich hat f in $]-1, 1[$ genau eine Nullstelle. Rechts der Polstelle 1 fällt der Graph von ∞ bis zum Tiefpunkt TP$(\sqrt{5}\,|\approx -0{,}3)$ und steigt danach wieder, jetzt oberhalb der schrägen Asymptote verlaufend. f hat daher für $x > 1$ genau zwei Nullstellen, und damit insgesamt genau drei Nullstellen. Diese kann man etwa mit dem Newton-Verfahren (→ *Kapitel „Differentialrechnung", Abschnitt 5*), auf den Zähler in (•) vom Beginn des Beispiels angewandt, ermitteln: Man findet 0,50; 1,63 und 3,92 als Näherungswerte. Wir beschließen die Kurvendiskussion mit der

Untersuchung des Krümmungsverhaltens

Offenbar gilt für alle $x \neq \pm 1$: $f''(x) = 12x \cdot \frac{(x^2+1)}{(x^2-1)^4} \begin{cases} > 0 & \text{für } x > 0 \\ = 0 & \text{für } x = 0 \\ < 0 & \text{für } x < 0 \end{cases}$

In allen Teilintervallen von D_f links von 0 ist der Graph von f daher rechtsgekrümmt und rechts von 0 linksgekrümmt. Insbesondere ist der Punkt S ein Wendepunkt. Im Punkt S hat der Graph die Steigung $f'(0) = \frac{5}{4}$, die Tangente also die Gleichung $y = \frac{5}{4}(x-0) - 1$ (Punkt-Steigungs-Form aus → *Kapitel „Grundlagen", Abschnitt 3.1*), d. h. $y = \frac{5}{4}x - 1$. Diese Tangente ist eine so genannte **Wendetangente**: Der Graph von f läuft in S von einer Seite in die Wendetangente hinein und auf der andern Seite aus der Wendetangente heraus.

Der Graph von f scheint sich sehr rasch der schrägen Asymptote anzuschmiegen. Wir untersuchen daher das uneigentliche Integral

$$\int_2^\infty \left(f(x) - \left(\tfrac{1}{4}x - 1\right)\right) dx,$$

das den Flächeninhalt zwischen dem Graphen und der Asymptote rechts der Stelle 2 angibt. Mit $\beta > 2$ und der Substitution $t = x^2 - 1$, $x\,dx = \frac{1}{2}dt$ $(x = 2 \mapsto t = 3$ und $x = \beta \mapsto t = \beta^2 - 1)$ rechnet man:

$$\int_2^\beta \left(f(x) - \left(\tfrac{1}{4}x - 1\right)\right) dx = \int_2^\beta \frac{x}{(x^2-1)^2}\,dx = \frac{1}{2} \cdot \int_3^{\beta^2-1} \frac{dt}{t^2}$$

$$= \frac{1}{2} \cdot \left[-\frac{1}{t}\right]_3^{\beta^2-1} = \frac{1}{2} \cdot \left(\frac{1}{3} - \frac{1}{\beta^2-1}\right)$$

$$= \frac{1}{6} - \frac{1}{2(\beta^2-1)} \to \frac{1}{6} \text{ für } \beta \to \infty$$

Also gilt $\int_2^\infty \left(f(x) - \left(\frac{1}{4}x - 1\right)\right) dx = \frac{1}{6}$, und der geringe Wert zeigt, wie schnell sich der Graph von f der schrägen Asymptote nähert.

Analytische Geometrie

Lineare Gleichungssysteme in der analytischen Geometrie

In der analytischen Geometrie spielen **zwei Typen von linearen Gleichungssystemen** eine wichtige Rolle: (→ *Kapitel „Geraden-/Ebenengleichung" Abschnitt 2 und Kapitel „Schnittprobleme" Abschnitt 2 und 3*)

1. ein lineares Gleichungssystem (LGS) aus drei Variablen und zwei Gleichungen
2. ein LGS aus zwei Variablen und drei Gleichungen

Kompliziertere LGS als diese beiden kommen in der analytischen Geometrie nicht vor und werden daher im Folgenden nicht besprochen.

1 Gleichungssysteme mit drei Variablen und zwei Gleichungen

Ein LGS, das aus drei Variablen und zwei Gleichungen besteht, löst man mit dem in der linearen Algebra vorgestellten Gaussverfahren (→ *Lineare Algebra*). Bei einem LGS, das aus lediglich zwei Gleichungen besteht, braucht man nur die erste Variable der zweiten Gleichung zu eliminieren, um auf die Stufenform zu kommen.

Folgende Beispiele stellen die möglichen Fälle vor, die bei der Bestimmung der Lösungsmenge vorkommen können:

Beispiele

Beispiel 1: unendlich viele, bestimmbare Lösungen

Bestimmen Sie die Lösung des folgenden Gleichungssystems:

$$6x_1 + 5x_2 - 3x_3 = 4 \quad \text{(I)}$$

$$2x_1 + x_2 - 3x_3 = 2 \quad \text{(II)}$$

1. Schritt: geschicktes Multiplizieren einer Gleichung

Im Folgenden soll die x_1-Variable aus Gleichung (II) eliminiert werden. Dazu muss die x_1-Variable in beiden Gleichungen den betragsmäßig gleichen Vorfaktor (bzw. Koeffizienten) mit unterschiedlichem Vorzeichen haben.

Um dies zu erreichen, multipliziert man Gleichung (II) mit der Zahl (–3). Das neue LGS lautet dann:

$$6x_1 + 5x_2 - 3x_3 = 4 \qquad \text{(III)}$$

$$-6x_1 - 3x_2 + 9x_3 = -6 \qquad \text{(IV)} = \text{(II)} \cdot (-3)$$

Die x_1-Variable hat jetzt in beiden Gleichungen den gleichen Vorfaktor mit unterschiedlichem Vorzeichen.

2. Schritt: Eliminierung einer Variablen durch Addition beider Gleichungen

Anschließend addiert man beide Gleichungen. Dabei sollten die gleichen Variablenterme und die Zahlen genau untereinander stehen, so dass man die Addition spaltenweise durchführen kann:

$$\begin{array}{rcrcrcr} 6x_1 & + & 5x_2 & - & 3x_3 & = & 4 \\ \downarrow & & \downarrow & & \downarrow & & \downarrow \\ -6x_1 & - & 3x_2 & + & 9x_3 & = & -6 \\ \hline & & 2x_2 & + & 6x_3 & = & -2 \end{array}$$

Indem man Gleichung (IV) durch diese Gleichung ersetzt, lautet das neue LGS:

$$6x_1 + 5x_2 - 3x_3 = 4 \qquad \text{(V)}$$

$$2x_2 + 6x_3 = -2 \qquad \text{(VI)}$$

In Gleichung (VI) ist die x_1-Variable herausgefallen. Wie man anhand dieses LGS die Lösungsmenge angibt, zeigt der folgende Schritt:

3. Schritt: Angabe der Lösungsmenge

Zur Angabe der Lösungsmenge führt man in Gleichung (VI) für eine der beiden Variablen eine Hilfsvariable t ($t \in \mathbb{R}$) ein. Die Lösungsmenge erhält man dann, indem man die beiden anderen Variablen in Abhängigkeit von dieser Hilfsvariablen ausdrückt: Mit $\mathbf{x_3 = t}$ ergibt sich durch Umformen von Gleichung (VI) $2x_2 + 6x_3 = -2$ für x_2:

$$2x_2 + 6t = -2 \qquad | -6t$$

$$2x_2 = -2 - 6t \qquad | :2$$

$$x_2 = -1 - 3t$$

Durch Einsetzen von $x_3 = t$ und $x_2 = -1 - 3t$ in Gleichung (V) $6x_1 + 5x_2 - 3x_3 = 4$ erhält man x_1 in Abhängigkeit von t:

$$6x_1 + 5 \cdot (-1 - 3t) - 3t = 4$$
$$6x_1 - 5 - 15t - 3t = 4$$
$$6x_1 - 5 - 18t = 4 \quad | + 5 + 18t$$
$$6x_1 = 9 + 18t \quad | : 6$$
$$x_1 = 1{,}5 + 3t$$

Ergebnis:

Das Gleichungssystem hat unendlich viele Lösungen. Die Lösungsmenge ist: $\mathbb{L} = \{(1{,}5 + 3t; -1 - 3t; t), \text{ mit } t \in \mathbb{R}\}$

Beispiel 2: unendlich viele, unbestimmbare Lösungen

Bestimmen Sie die Lösung des folgenden Gleichungssystems:

$$x_1 + 2x_2 - 3x_3 = 1 \quad \text{(I)}$$
$$2x_1 + 4x_2 - 6x_3 = 2 \quad \text{(II)}$$

1. Schritt: geschicktes Multiplizieren einer Gleichung

Wenn man Gleichung (I) mit (-2) multipliziert, lautet das LGS:

$$-2x_1 - 4x_2 + 6x_3 = -2 \quad \text{(III)}$$
$$2x_1 + 4x_2 - 6x_3 = 2 \quad \text{(IV)}$$

2. Schritt: Addition beider Gleichungen:

$$-2x_1 - 4x_2 + 6x_3 = -2$$
$$2x_1 + 4x_2 - 6x_3 = 2$$
$$\overline{0 \cdot x_1 + 0 \cdot x_2 + 0 \cdot x_3 = 0}$$

Das neue LGS lautet also:

$$x_1 + 2x_2 - 3x_3 = 1 \quad \text{(V)}$$
$$0 = 0 \quad \text{(VI)}$$

3. Schritt: Angabe der Lösungsmenge

Die Gleichung (VI) ist unabhängig von der Wahl der drei Variablen immer erfüllt. Die Lösungsmenge besteht daher aus denjenigen 3-Tupeln $(x_1; x_2; x_3)$, die die Gleichung (V) erfüllen. Diese 3-Tupel können allerdings nicht näher bestimmt werden.

Ergebnis:

Alle 3-Tupel $(x_1; x_2; x_3)$ mit $x_1, x_2, x_3 \in \mathbb{R}$, die die Gleichung $x_1 + 2x_2 - 3x_3 = 1$ erfüllen, sind die Lösung des LGS.

Beispiel 3: keine Lösung

Bestimmen Sie die Lösung des folgenden Gleichungssystems:

$$x_1 + 2x_2 - 5x_3 = 7 \quad \text{(I)}$$

$$3x_1 + 6x_2 - 15x_3 = 2 \quad \text{(II)}$$

1. Schritt: geschicktes Multiplizieren einer Gleichung

Wenn man Gleichung (I) mit (−3) multipliziert, lautet das LGS:

$$-3x_1 - 6x_2 + 15x_3 = -21 \quad \text{(III)}$$

$$3x_1 + 6x_2 - 15x_3 = 2 \quad \text{(IV)}$$

2. Schritt: Addition beider Gleichungen

$$\begin{array}{r} -3x_1 - 6x_2 + 15x_3 = -21 \\ 3x_1 + 6x_2 - 15x_3 = 2 \\ \hline 0 \cdot x_1 + 0 \cdot x_2 + 0 \cdot x_3 = -19 \end{array}$$

Das neue LGS ist:

$$-3x_1 - 6x_2 + 15x_3 = -21 \quad \text{(V)}$$

$$0 = -19 \quad \text{(VI)}$$

3. Schritt: Angabe der Lösungsmenge

Ergebnis:

Da Gleichung (VI) unabhängig von der Wahl der Variablen immer falsch ist, hat das Gleichungssystem keine Lösung: $L = \{\ \}$

2 Gleichungssysteme mit zwei Variablen und drei Gleichungen

Gleichungssysteme, die aus zwei Variablen und drei Gleichungen bestehen, werden am elegantesten mit dem so genannten **Einsetzungsverfahren** gelöst.

Merke: Das Einsetzungsverfahren

Beim Einsetzungsverfahren löst man zunächst eine Gleichung nach einer Variablen auf und setzt den entsprechenden Term in eine andere Gleichung ein. Besteht das LGS nur aus zwei Variablen, erhält man auf diese Weise eine Gleichung mit nur noch einer Variablen, die dann berechnet werden kann.

Gleichungssysteme mit zwei Variablen und drei Gleichungen können genau eine Lösung, unendlich viele Lösungen oder gar keine Lösung haben. Wie man für jeden dieser Fälle die Lösungsmenge bestimmt, zeigen folgende drei Beispiele. Für die zwei Variablen werden in Übereinstimmung mit dem → *Kapitel „Schnittprobleme", Abschnitt 3,* in dem dieses LGS eine Rolle spielt, die Buchstaben s und t benutzt.

Beispiele

Beispiel 1: genau eine Lösung

Bestimmen Sie die Lösung des Gleichungssystems:

$$2s - t = 4 \quad \text{(I)}$$
$$s + 3t = 9 \quad \text{(II)}$$
$$4s - 5t = 2 \quad \text{(III)}$$

1. Schritt: Auflösen einer Gleichung nach einer Variablen

Aus Gleichung (I) ergibt sich für t:

$$2s - t = 4 \quad | + t - 4$$
$$2s - 4 = t \quad \text{bzw.} \quad t = 2s - 4$$

2. Schritt: Einsetzen in eine andere Gleichung und Berechnung der Variablen

Indem man nun den in Schritt 1 bestimmten Term für t in eine der beiden anderen Gleichungen einsetzt und anschließend die resultierende Gleichung nach s auflöst, erhält man einen Wert für s.

Einsetzen von $t = 2s - 4$ in Gleichung (II) $s + 3t = 9$ ergibt:

$$s + 3 \cdot (2s - 4) = 9$$
$$s + 6s - 12 = 9 \quad | +12$$
$$7s = 21 \quad | :7$$
$$s = 3$$

Daraus folgt für $t = 2s - 4$: $t = 2 \cdot 3 - 4 = 2$. Die Gleichungen (I) und (II) haben also die Lösung $s = 3$ und $t = 2$. Wenn das die Lösung des gesamten LGS sein soll, muss aber auch Gleichung (III) erfüllt sein.

3. Schritt: Probe mit der dritten Gleichung

Die Probe macht man, indem man die in Schritt 2 berechneten Werte $s = 3$ und $t = 2$ in Gleichung (III) $4s - 5t = 2$ einsetzt:

$$4 \cdot 3 - 5 \cdot 2 = 2$$
$$12 - 10 = 2$$
$$2 = 2$$

Auch Gleichung (III) ist demnach für $s = 3$ und $t = 2$ erfüllt.

Ergebnis:

Das Gleichungssystem hat die Lösungen $s = 3$ und $t = 2$. $\mathbb{L} = \{(3; 2)\}$

Beispiel 2: keine Lösung

Bestimmen Sie die Lösung des Gleichungssystems:

$$4s - 8t = 12 \quad \text{(I)}$$
$$2s - 6t = 1 \quad \text{(II)}$$
$$2s - 15t = 0 \quad \text{(III)}$$

1. Schritt: Auflösen einer Gleichung nach einer Variablen

Aus Gleichung (I) ergibt sich für s:

$$4s - 8t = 12 \quad | +8t$$
$$4s = 12 + 8t \quad | :4$$
$$s = 3 + 2t$$

2. Schritt: Einsetzen in eine andere Gleichung und Berechnung der Variablen

Indem man den in Schritt 1 bestimmten Term $s = 3 + 2t$ in Gleichung (II) $2s - 6t = 1$ einsetzt, erhält man:

$2 \cdot (3 + 2t) - 6t = 1$

$6 + 4t - 6t = 1 \quad | -6$

$-2t = -5 \quad | :(-2)$

$t = 2{,}5$

Damit folgt für $s = 3 + 2t$: $s = 3 + 2 \cdot (2{,}5) = 8$

3. Schritt: Probe mit der dritten Gleichung

Die Gleichungen (I) und (II) sind für die Werte $s = 8$ und $t = 2{,}5$ erfüllt. Die Probe mit Gleichung (III) $2s - 15t = 0$ ergibt:

$2 \cdot (8) - 15 \cdot (2{,}5) = 0$

$16 - 37{,}5 = 0$

$-21{,}5 = 0$

Diese Gleichung ist falsch. Demzufolge hat das LGS keine Lösung.

Ergebnis:

Das LGS hat keine Lösung: $\mathbb{L} = \{\ \}$

Beispiel 3: unendlich viele Lösungen

Bestimmen Sie die Lösung des Gleichungssystems:

$3s - t = 1$ (I)

$-6s + 2t = -2$ (II)

$12s - 4t = 4$ (III)

1. Schritt: Auflösen einer Gleichung nach einer Variablen

Aus Gleichung (I) $3s - t = 1$ ergibt sich für t:

$3s - t = 1 \quad | +t - 1$

$3s - 1 = t$ bzw. $t = 3s - 1$

2. Schritt: Einsetzen in eine andere Gleichung

Indem man $t = 3s - 1$ in Gleichung (II) $-6s + 2t = -2$ einsetzt, erhält man:

$-6s + 2 \cdot (3s - 1) = -2$

$-6s + 6s - 2 = -2$

$-2 = -2$

Gleichung (II) ist also für jeden beliebigen s-Wert erfüllt. Die Gleichungen (I) und (II) haben demnach die Lösung: $t = 3s - 1$ und $s \in \mathbb{R}$.

3. Schritt: Probe mit der dritten Gleichung

In diesem Fall macht man die Probe, indem man den Term $t = 3s - 1$ in Gleichung (III) $12s - 4t = 4$ einsetzt, mit $s \in \mathbb{R}$. Es folgt:

$$12s - 4 \cdot (3s - 1) = 4$$
$$12s - 12s + 4 = 4$$
$$4 = 4$$

Das heißt: Auch Gleichung (III) ist für $t = 3s - 1$ und $s \in \mathbb{R}$ erfüllt.

Ergebnis:

Es gibt unendlich viele Lösungen:
$\mathbb{L} = \{(s; t) \text{ mit } s \in \mathbb{R} \text{ und } t = 3s - 1\}$.

Punkte und Vektoren im kartesischen Koordinatensystem

1 Grundlegende Begriffe

Um die genaue Lage eines Punktes im Raum bzw. in der Ebene zu beschreiben, benötigt man ein Koordinatensystem. Das **kartesische Koordinatensystem** besteht aus zueinander senkrecht stehenden Achsen, auf denen jeweils im gleichen Abstand (der so genannten Längeneinheit LE) die Achsenkoordinaten vorgegeben sind. Der Schnittpunkt der Achsen ist der Ursprung 0 des Koordinatensystems. In der Ebene besteht das kartesische Koordinatensystem aus zwei, im Raum aus drei Achsen. Die Bezeichnung der Achsen kann man der Abbildung entnehmen.

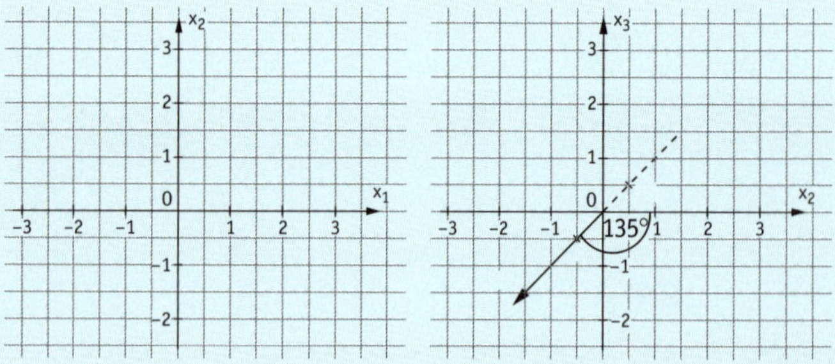

Koordinatensystem der Ebene (links) und des Raums. Im Schrägbild des Koordinatensystems des Raums zeichnet man die x_1-Achse in einem Winkel von 135° zur x_2-Achse, die Längeneinheit wird um den Faktor $\frac{\sqrt{2}}{2}$ verkürzt dargestellt.

Die **Punktkoordinaten** legen den genauen Ort eines Punktes im Koordinatensystem fest. Sie werden nebeneinander in eine Klammer geschrieben und sind durch einen Strich getrennt: $A(a_1 \mid a_2 \mid a_3)$, mit a_1, a_2, $a_3 \in \mathbb{R}$. Die linke Koordinate ist die x_1-Koordinate, die mittlere die x_2- und die rechte die x_3-Koordinate. In der Ebene gibt es nur die x_1- und die x_2-Koordinate.

Wie man anhand der Koordinaten einen Punkt in ein Koordinatensystem einträgt, zeigt die Zeichnung am Punkt A(1 | 2 | 3). Zunächst geht man vom Ursprung aus eine Längeneinheit (LE) entlang der x_1-Achse, dann zwei LE parallel zur x_2-Achse und schließlich drei LE in Richtung der x_3-Achse. Bei negativen Koordinaten trägt man die Längeneinheiten in die entgegengesetzte Achsenrichtung ab.

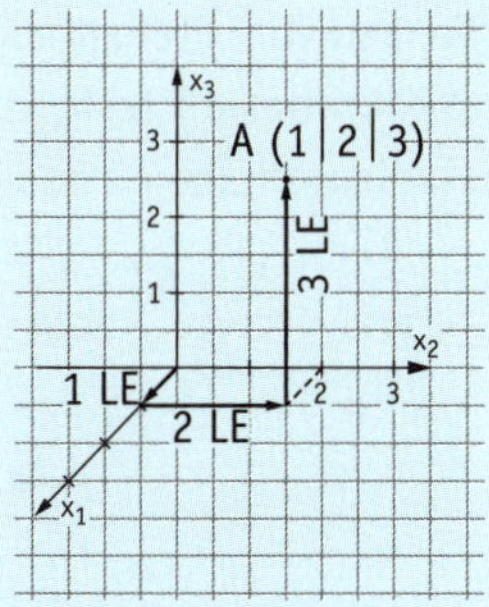

Die Lage des Punktes A(1 | 2 | 3)

Ortsänderungen von einem Punkt zu einem anderen werden in der analytischen Geometrie mit einem Pfeil dargestellt. Die Pfeillänge gibt an, um welche Strecke ein Punkt oder eine ganze Figur in die vorgegebene Richtung verschoben werden soll. Die Menge aller Pfeile, die in dieselbe Richtung zeigen und dieselbe Länge haben, bezeichnet man als **Vektor**. Da alle Pfeile eines Vektors dieselbe Richtung und Länge haben, stellt man einen Vektor gewöhnlich nur durch einen einzigen Pfeil dar.

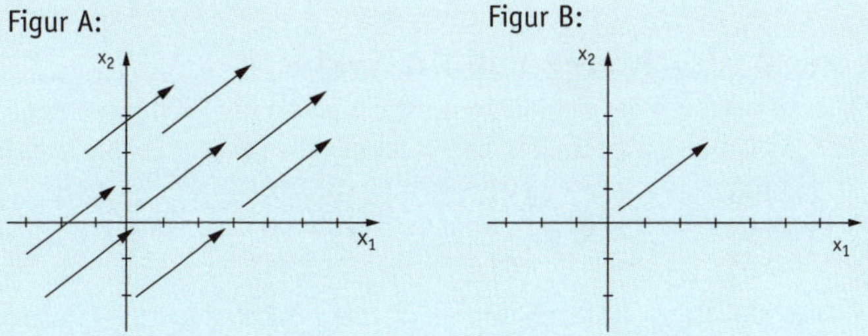

Ein Vektor ist eine Schar aus unendlich vielen Pfeilen, die in dieselbe Richtung zeigen und dieselbe Länge haben (Fig. A). Zur Darstellung genügt es, nur einen Vertreter dieser Schar zu zeichnen (Fig. B).

Vektoren werden entweder mit einem Kleinbuchstaben oder zwei Großbuchstaben dargestellt, jeweils mit einem Pfeil darüber: $\vec{a}$ bzw. $\overrightarrow{AB}$. In der Schreibweise mit zwei Großbuchstaben bedeutet der erste Buchstabe den Pfeilanfang, der zweite Buchstabe das Pfeilende.

Wie man vom Pfeilanfang zum Pfeilende gelangt, wird durch die **Vektorkoordinaten** festgelegt. Sie werden im Gegensatz zu den Punktkoordinaten übereinander geschrieben:

$\vec{a} = \begin{pmatrix} a_1 \\ a_2 \\ a_3 \end{pmatrix}$ oder $\overrightarrow{AB} = \begin{pmatrix} v_1 \\ v_2 \\ v_3 \end{pmatrix}$

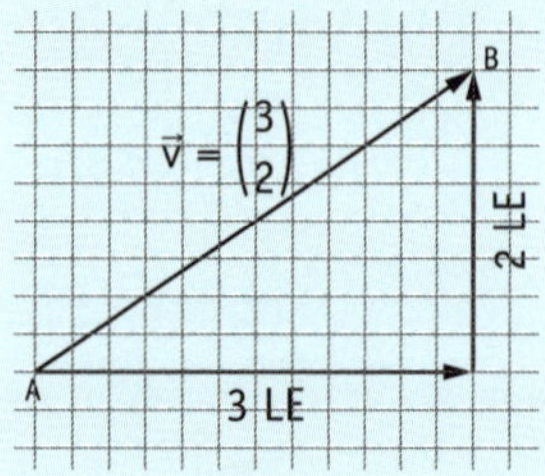

Ein Vektor und seine Koordinaten

Die Lage des Pfeilendes B erhält man, indem man vom Pfeilanfang A aus um v_1 LE parallel zur x_1-Achse, dann um v_2 LE parallel zur x_2-Achse weiter und schließlich um v_3 LE parallel zur x_3-Achse geht. Die Zeichnung veranschaulicht dies: Zum Pfeilende B des Vektors $\vec{v} = \begin{pmatrix} 3 \\ 2 \end{pmatrix}$ gelangt man, wenn man vom Pfeilanfang A aus 3 LE parallel zur x_1-Achse und anschließend 2 LE parallel zur x_2-Achse geht. Die Lage des Pfeilanfangs ist beliebig. Bei negativen Vektorkoordinaten muss man in die entgegengesetzte Achsenrichtung gehen.

Spezielle Vektoren sind die **Basisvektoren** des Koordinatensystems und die so genannten **Ortsvektoren**.

Merke: Basisvektoren und Ortsvektoren

Die **Basisvektoren** des Koordinatensystems geben die Richtungen der drei Koordiantenachsen an und haben jeweils die Länge 1 LE. Sie lauten:

$b_1 = \begin{pmatrix} 1 \\ 0 \\ 0 \end{pmatrix}$ (x_1-Achse) $b_2 = \begin{pmatrix} 0 \\ 1 \\ 0 \end{pmatrix}$ (x_2-Achse) $b_3 = \begin{pmatrix} 0 \\ 0 \\ 1 \end{pmatrix}$ (x_3-Achse)

Mit den **Ortsvektoren** wird die Lage von Punkten vektoriell beschrieben. Als den **Ortsvektor** $\vec{p}$ eines Punktes P bezeichnet man den Pfeil zwischen dem Koordinatenursprung O und dem Punkt P: $\vec{p} = \overrightarrow{OP}$. Ein Ortsvektor hat immer dieselben Koordinaten wie der zugehörige Punkt und wird durch den entsprechenden Kleinbuchstaben und den Vektorpfeil gekennzeichnet.

So lautet der Ortsvektor von $P(p_1 \mid p_2 \mid p_3)$: $\vec{p} = \begin{pmatrix} p_1 \\ p_2 \\ p_3 \end{pmatrix}$

2 Rechnen mit Vektoren

2.1 Der Betrag eines Vektors

Der Betrag bzw. die Länge eines Vektors kann mit dem Satz des Pythagoras berechnet werden. Für den Betrag des Vektors $\vec{v} = \begin{pmatrix} v_1 \\ v_2 \end{pmatrix}$ gilt:

$$|\vec{v}| = \sqrt{(v_1)^2 + (v_2)^2}$$

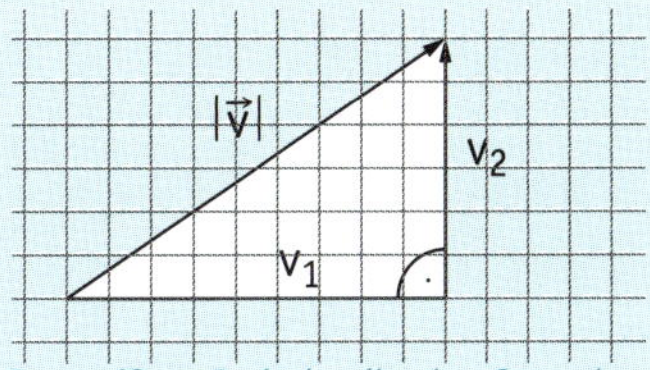

Im weißen Dreieck gilt der Satz des Pythagoras.

Merke

Für den Betrag des Vektors $\vec{v} = \begin{pmatrix} v_1 \\ v_2 \end{pmatrix}$ gilt: $|\vec{v}| = \sqrt{(v_1)^2 + (v_2)^2}$

Entsprechend gilt für $\vec{v} = \begin{pmatrix} v_1 \\ v_2 \\ v_3 \end{pmatrix}$: $|\vec{v}| = \sqrt{(v_1)^2 + (v_2)^2 + v_3)^2}$

Beispiel

Wie groß ist der Betrag des Vektors $\vec{v} = \begin{pmatrix} -2 \\ 4 \\ 3 \end{pmatrix}$?

Lösung: $|\vec{v}| = \sqrt{(-2)^2 + (4)^2 + (3)^2} = \sqrt{29} \approx 5{,}39$

2.2 Das Vielfache eines Vektors

Multipliziert man einen Vektor $\vec{v}$ mit einer reellen Zahl k, erhält man einen parallelen Vektor von k-facher Länge. Es ist:

$$k \cdot \vec{v} \parallel \vec{v} \quad \text{mit} \quad |k \cdot \vec{v}| = |k| \cdot |\vec{v}|$$

Der Vektor $2 \cdot \vec{v}$ zeigt in dieselbe Richtung wie $\vec{v}$ und ist doppelt so lang (siehe Zeichnung 1).

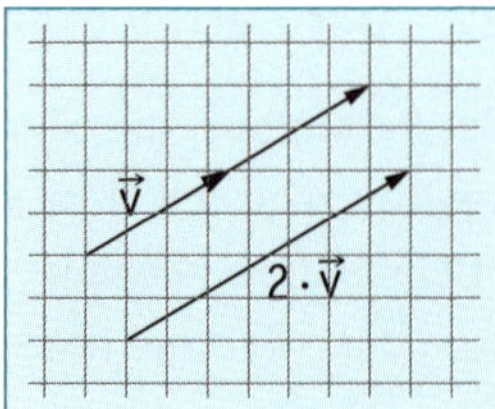

Zeichnung 1

Ist $k < 0$, zeigt der Vektor $k \cdot \vec{v}$ in die entgegengesetzte Richtung zu $\vec{v}$. Für $k = -1$ erhält man den so genannten Gegenvektor. $-\vec{a}$ ist der Gegenvektor von $\vec{a}$. Er ist gleich lang wie $\vec{a}$, zeigt aber in die entgegengesetzte Richtung (siehe Zeichnung 2).

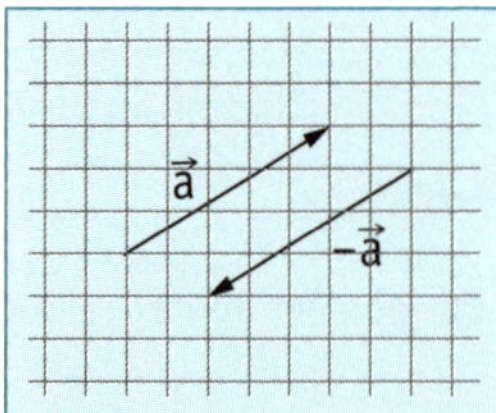

Zeichnung 2

Merke

Für die Berechnung des Produkts $k \cdot \vec{v}$ muss man jede Vektorkoordinate mit k multiplizieren. Es gilt:

$$k \cdot \vec{v} = k \cdot \begin{pmatrix} v_1 \\ v_2 \\ v_3 \end{pmatrix} = \begin{pmatrix} k \cdot v_1 \\ k \cdot v_2 \\ k \cdot v_3 \end{pmatrix}$$

Beispiel

Wie lautet der Vektor $4 \cdot \vec{a}$ mit $\vec{a} = \begin{pmatrix} 3 \\ \frac{5}{4} \\ -\frac{7}{8} \end{pmatrix}$?

Lösung: Es ist $4 \cdot \vec{a} = 4 \cdot \begin{pmatrix} 3 \\ \frac{5}{4} \\ -\frac{7}{8} \end{pmatrix} = \begin{pmatrix} 12 \\ 5 \\ -\frac{7}{2} \end{pmatrix}$

2.3 Die Summe und Differenz von Vektoren

Die **Summe** zweier Vektoren $\vec{a}$ und $\vec{b}$ erhält man, indem man den Anfang des Vektors $\vec{b}$ an die Spitze des Vektors $\vec{a}$ anlegt. Der resultierende Vektor zeigt vom Anfang des Vektors $\vec{a}$ zur Spitze von Vektor $\vec{b}$.

Die **Differenz** $\vec{a} - \vec{b}$ zwischen den Vektoren $\vec{a}$ und $\vec{b}$ erhält man, indem man den Gegenvektor von $\vec{b}$ mit $\vec{a}$ addiert. Es gilt: $\vec{a} - \vec{b} = \vec{a} + (-\vec{b})$

Die Summe zweier Vektoren:

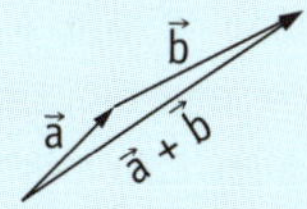

Die Differenz zweier Vektoren

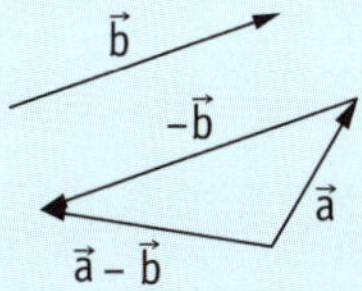

Merke

Die Summe bzw. Differenz zweier Vektoren wird berechnet, indem man die jeweiligen Vektorkoordinaten addiert bzw. voneinander abzieht:

$$\vec{a} + \vec{b} = \begin{pmatrix} a_1 \\ a_2 \\ a_3 \end{pmatrix} + \begin{pmatrix} b_1 \\ b_2 \\ b_3 \end{pmatrix} = \begin{pmatrix} a_1 + b_1 \\ a_2 + b_2 \\ a_3 + b_3 \end{pmatrix} \quad \text{und} \quad \vec{a} - \vec{b} = \begin{pmatrix} a_1 \\ a_2 \\ a_3 \end{pmatrix} - \begin{pmatrix} b_1 \\ b_2 \\ b_3 \end{pmatrix} = \begin{pmatrix} a_1 - b_1 \\ a_2 - b_2 \\ a_3 - b_3 \end{pmatrix}$$

Auch beim Rechnen mit Vektoren gilt: „Punkt vor Strich"!

Beispiel

a) Berechnen Sie: $\begin{pmatrix} 1 \\ 0 \\ -2 \end{pmatrix} - \begin{pmatrix} 4 \\ -2 \\ 5 \end{pmatrix} = ?$

Lösung: Es ist $\begin{pmatrix} 1 \\ 0 \\ -2 \end{pmatrix} - \begin{pmatrix} 4 \\ -2 \\ 5 \end{pmatrix} = \begin{pmatrix} 1-4 \\ 0+2 \\ -2-5 \end{pmatrix} = \begin{pmatrix} -3 \\ 2 \\ -7 \end{pmatrix}$

b) Fassen Sie zusammen: $\begin{pmatrix} -3 \\ 4 \\ \frac{3}{2} \end{pmatrix} + 4 \cdot \begin{pmatrix} 1 \\ 5 \\ -2 \end{pmatrix}$

Lösung: Es ist $\begin{pmatrix} -3 \\ 4 \\ \frac{3}{2} \end{pmatrix} + 4 \cdot \begin{pmatrix} 1 \\ 5 \\ -2 \end{pmatrix} = \begin{pmatrix} -3 \\ 4 \\ \frac{3}{2} \end{pmatrix} + \begin{pmatrix} 4 \\ 20 \\ -8 \end{pmatrix} = \begin{pmatrix} 1 \\ 24 \\ -6{,}5 \end{pmatrix}$

2.4 Der Vektor zwischen zwei Punkten

Der Vektor $\overrightarrow{AB}$ beschreibt den direkten Weg von A nach B. Von A nach B gelangt man aber auch über den Umweg $\overrightarrow{AO} \rightarrow \overrightarrow{OB}$. Dazu addiert man zum Vektor $-\vec{a}$ den Ortsvektor von B. Demzufolge gilt die Vektorgleichung:
$\overrightarrow{AB} = -\vec{a} + \vec{b} = \vec{b} - \vec{a}$

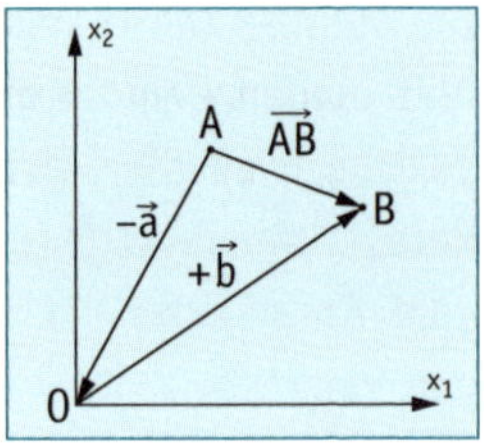

Merke

Den Vektor $\overrightarrow{AB}$ zwischen den Punkten A und B erhält man, indem man den Ortsvektor von A vom Ortsvektor von B abzieht:

$$\overrightarrow{AB} = \vec{b} - \vec{a} = \begin{pmatrix} b_1 \\ b_2 \\ b_3 \end{pmatrix} - \begin{pmatrix} a_1 \\ a_2 \\ a_3 \end{pmatrix} = \begin{pmatrix} b_1 - a_1 \\ b_2 - a_2 \\ b_3 - a_3 \end{pmatrix}$$

Beispiel

Wie lautet jeweils der Vektor zwischen den beiden Punkten?

a) $A(1\,|\,-4\,|\,3)$, $B(0\,|\,2\,|\,-5)$

Lösung: $\overrightarrow{AB} = \vec{b} - \vec{a} = \begin{pmatrix} 0 \\ 2 \\ -5 \end{pmatrix} - \begin{pmatrix} 1 \\ -4 \\ 3 \end{pmatrix} = \begin{pmatrix} -1 \\ 6 \\ -8 \end{pmatrix}$

b) $Q(-3\,|\,0\,|\,1{,}5)$, $R(-2{,}5\,|\,-2\,|\,3)$

Lösung: $\overrightarrow{QR} = \vec{r} - \vec{q} = \begin{pmatrix} -2{,}5 \\ -2 \\ 3 \end{pmatrix} - \begin{pmatrix} -3 \\ 0 \\ 1{,}5 \end{pmatrix} = \begin{pmatrix} 0{,}5 \\ -2 \\ 1{,}5 \end{pmatrix}$

2.5 Die Mitte zwischen zwei Punkten

Für den Ortsvektor des Mittelpunkts M zwischen A und B gilt:

$$\vec{m} = \vec{a} + \frac{1}{2}\overrightarrow{AB} = \vec{a} + \frac{1}{2}(\vec{b} - \vec{a})$$

$$= \vec{a} + \frac{1}{2}\vec{b} - \frac{1}{2}\vec{a} = \frac{1}{2}\vec{a} + \frac{1}{2}\vec{b}$$

$$= \frac{1}{2}(\vec{a} + \vec{b})$$

Das bedeutet, dass die Koordinaten von M das arithmetische Mittel der jeweiligen Koordinaten von A und B sind.

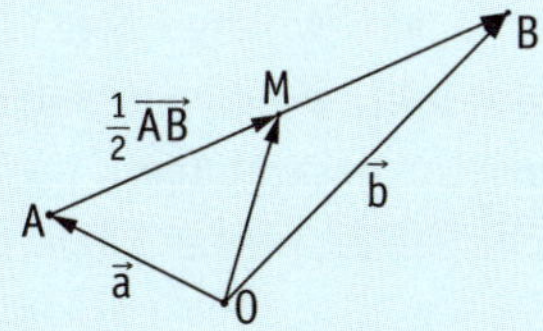

Der Mittelpunkt M halbiert die Strecke AB. Seine Koordinaten werden mit den Ortsvektoren von A und B berechnet.

Merke

Die Koordinaten des Mittelpunkts $M(m_1 | m_2 | m_3)$ zwischen den Punkten $A(a_1 | a_2 | a_3)$ und $B(b_1 | b_2 | b_3)$ sind das arithmetische Mittel der jeweiligen Koordinaten von A und B.

Es gilt: $m_1 = \frac{a_1 + b_1}{2}$, $m_2 = \frac{a_2 + b_2}{2}$, $m_3 = \frac{a_3 + b_3}{2}$

Beispiel

Berechnen Sie die Koordinaten des Mittelpunkts zwischen den Punkten $A(2 | -5 | 7)$ und $B(6 | 3 | -1)$.

Lösung: Es gilt $m_1 = \frac{2 + 6}{2} = 4$, $m_2 = \frac{-5 + 3}{2} = -1$, $m_3 = \frac{7 + (-1)}{2} = 3$

Die Mitte M zwischen A und B hat die Koordinaten $M(4 | -1 | 3)$.

2.6 Das Skalarprodukt und der Winkel zwischen zwei Vektoren

Das Produkt zwischen zwei Vektoren $\vec{a}$ und $\vec{b}$ bezeichnet man als **Skalarprodukt**. Die Bedeutung des Skalarprodukts für die analytische Geometrie besteht darin, dass damit der Winkel zwischen zwei Vektoren berechnet werden kann.

Merke

Für das Skalarprodukt zwischen zwei Vektoren $\vec{a}$ und $\vec{b}$ gilt:

$$\vec{a} \cdot \vec{b} = \begin{pmatrix} a_1 \\ a_2 \\ a_3 \end{pmatrix} \cdot \begin{pmatrix} b_1 \\ b_2 \\ b_3 \end{pmatrix} = a_1 \cdot b_1 + a_2 \cdot b_2 + a_3 \cdot b_3$$

Mit dem Skalarprodukt und den Beträgen der beiden Vektoren kann der Winkel α zwischen den beiden Vektoren berechnet werden.

Es gilt: $\cos \alpha = \dfrac{\vec{a} \cdot \vec{b}}{|\vec{a}| \cdot |\vec{b}|}$ und $\alpha = \cos^{-1} \dfrac{\vec{a} \cdot \vec{b}}{|\vec{a}| \cdot |\vec{b}|}$

Der **Spezialfall** $\alpha = 90°$: Sind zwei Vektoren senkrecht zueinander, folgt wegen $\cos 90° = 0$ für das Skalarprodukt zwischen den beiden Vektoren:
$\vec{a} \cdot \vec{b} = 0$

Wenn zwei Vektoren $\vec{a}$ und $\vec{b}$ senkrecht aufeinander stehen, ist das Skalarprodukt $\vec{a} \cdot \vec{b} = 0$. Genauso gilt umgekehrt:
Wenn das Skalarprodukt $\vec{a} \cdot \vec{b}$ zwischen zwei Vektoren gleich 0 ist, stehen die beiden Vektoren $\vec{a}$ und $\vec{b}$ senkrecht aufeinander.

Beispiel

Berechnen Sie das Skalarprodukt zwischen folgenden Vektoren:

a) $\vec{a} = \begin{pmatrix} 3 \\ \frac{1}{4} \\ -7 \end{pmatrix}, \vec{b} = \begin{pmatrix} -5 \\ 4 \\ -1 \end{pmatrix}$ b) $\vec{n} = \begin{pmatrix} 0 \\ 2 \\ -1 \end{pmatrix}, \vec{v} = \begin{pmatrix} -1 \\ 2{,}5 \\ -3 \end{pmatrix}$

zu a):

$$\vec{a} \cdot \vec{b} = \begin{pmatrix} 3 \\ \frac{1}{4} \\ -7 \end{pmatrix} \cdot \begin{pmatrix} -5 \\ 4 \\ -1 \end{pmatrix} = 3 \cdot (-5) + \frac{1}{4} \cdot 4 + (-7) \cdot (-1) = -15 + 1 + 7 = -7$$

zu b):

$$\vec{n} \cdot \vec{v} = \begin{pmatrix} 0 \\ 2 \\ -1 \end{pmatrix} \cdot \begin{pmatrix} -1 \\ 2{,}5 \\ -3 \end{pmatrix} = 0 \cdot (-1) + 2 \cdot 2{,}5 + (-1) \cdot (-3) = 5 + 3 = 8$$

Geraden- und Ebenengleichungen

1 Die Parameterform

1.1 Die Gerade

Eine **Gerade** ist durch zwei Punkte, die auf ihr liegen, eindeutig bestimmt. Mit den Ortsvektoren dieser zwei Punkte kann die Lage aller anderen Geradenpunkte vektoriell beschrieben werden. Beispielsweise gilt in nebenstehender Zeichnung für den $\vec{x_3}$-Ortsvektor des Geradenpunkts X_3 (mit $P, Q \in g$):

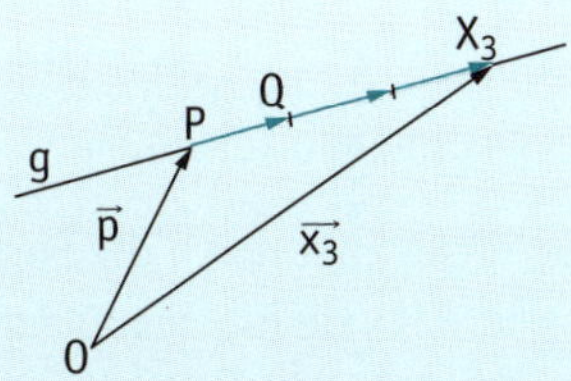

Die Lage des Geradenpunkts X_3 kann vektoriell mit den Ortsvektoren von zwei anderen Geradenpunkten beschrieben werden.

$\vec{x_3} = \vec{p} + 3 \cdot \overrightarrow{PQ}$

$\vec{x_3} = \vec{p} + 3 \cdot (\vec{q} - \vec{p})$

Zu jedem beliebigen Geradenpunkt gelangt man, indem man zum Ortsvektor von P das entsprechende Vielfache des Vektors $\overrightarrow{PQ}$ addiert: $\vec{x} = \vec{p} + t \cdot \overrightarrow{PQ}$ mit $t \in \mathbb{R}$.

Merke

Sind P und Q zwei Punkte der Geraden g $(P, Q \in g)$, so gibt es zu jedem beliebigen Geradenpunkt X ein $t \in \mathbb{R}$, so dass gilt:
$\vec{x} = \vec{p} + t \cdot \overrightarrow{PQ}$
Diese Gleichung nennt man die **Parameterform** einer Geraden.
Den Vektor $\overrightarrow{PQ}$ nennt man den **Richtungsvektor** der Geraden.

Umgekehrt liegt ein Punkt X nur dann auf der Geraden, wenn es ein $t \in \mathbb{R}$ gibt, so dass sein Ortsvektor $\vec{x}$ die Vektorgleichung $\vec{x} = \vec{p} + t \cdot \overrightarrow{PQ}$ erfüllt.

Anmerkung: Statt $\overrightarrow{PQ}$ kann man auch jeden zu $\overrightarrow{PQ}$ parallelen Vektor $\vec{v}$ als Richtungsvektor nehmen.

1.2 Die Ebene

Eine **Ebene** ist durch drei Punkte eindeutig bestimmt, sofern diese drei Punkte nicht auf einer Geraden liegen. Wie man mithilfe dreier solcher Ebenenpunkte jeden anderen beliebigen Punkt der Ebene beschreiben kann, veranschaulicht nebenstehende Zeichnung:

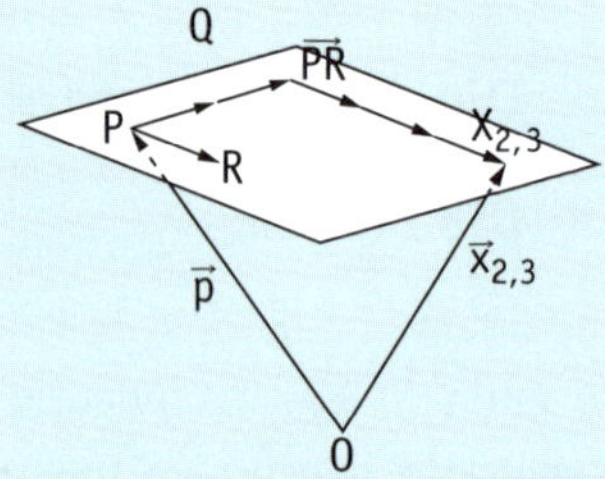

Die Lage des Ebenenpunkts $X_{2,3}$ kann mit den Ortsvektoren der drei Punkte P, Q und R beschrieben werden.

Die Ebene E ist durch die Punkte P, Q und R eindeutig festgelegt. Für den Ortsvektor des Ebenenpunkts $X_{2,3}$ gilt dann:

$\vec{x}_{2,3} = \vec{p} + 2 \cdot \overrightarrow{PQ} + 3 \cdot \overrightarrow{PR}$ bzw. $\vec{x}_{2,3} = \vec{p} + 2 \cdot (\vec{q} - \vec{p}) + 3 \cdot (\vec{r} - \vec{p})$

Ganz entsprechend kann man die Lage von jedem beliebigen Ebenenpunkt beschreiben.

Merke

Sind P, Q und R drei Punkte einer Ebene, die nicht auf einer Geraden liegen, gibt es zu jedem beliebigen Punkt X der Ebene ein Wertepaar s, t (mit s, t $\in \mathbb{R}$), so dass gilt:

$\vec{x} = \vec{p} + s \cdot \overrightarrow{PQ} + t \cdot \overrightarrow{PR}$

Diese Gleichung ist die **Parameterform einer Ebene**. Umgekehrt liegt ein Punkt X nur dann auf der Ebene E, wenn es für s und t Werte gibt, so dass sein Ortsvektor $\vec{p}$ diese Gleichung erfüllt.

$\overrightarrow{PQ}$ und $\overrightarrow{PR}$ nennt man **Spannvektoren**, da die Ebene von ihnen aufgespannt wird. Der Vektor $\vec{p}$ wird **Stützvektor** der Ebene genannt.

Anmerkung: Als Spannvektoren können alle Vektoren $\vec{u}$ und $\vec{v}$ verwendet werden, die in der Ebene liegen und nicht parallel zueinander sind.

Beispiele

Beispiel 1:

Bestimmen Sie die Geradengleichung der Geraden g, die durch die Punkte $A(3|-1|0)$ und $B(5|\frac{2}{3}|-2)$ verläuft. Zeigen Sie, dass $C(-12|-6|6)$ auf g liegt.

Lösung: Der Richtungsvektor der Geraden ist $\overrightarrow{AB} = \begin{pmatrix} 5 \\ \frac{2}{3} \\ -2 \end{pmatrix} - \begin{pmatrix} 3 \\ -1 \\ 0 \end{pmatrix} = \begin{pmatrix} 2 \\ \frac{5}{3} \\ -2 \end{pmatrix}$.

Mit dem Geradenpunkt $A(3|-1|0)$ lautet die Parameterform:

$$g\colon \vec{x} = \begin{pmatrix} 3 \\ -1 \\ 0 \end{pmatrix} + t \cdot \begin{pmatrix} 2 \\ \frac{5}{3} \\ -2 \end{pmatrix}$$

Zu zeigen: $C(-12|-6|6) \in g$

Da die Gleichung $\begin{pmatrix} -12 \\ -6 \\ 6 \end{pmatrix} = \begin{pmatrix} 3 \\ -1 \\ 0 \end{pmatrix} + t \cdot \begin{pmatrix} 2 \\ \frac{5}{3} \\ -2 \end{pmatrix}$ für $t = -3$ erfüllt ist, liegt $C(-12|-6|6)$ auf g.

Beispiel 2:

Bestimmen Sie die Parameterform der Ebene E, wenn die Punkte $P(1|3|3)$, $Q(1|-1|0)$ und $R(-2|2|1)$ auf E liegen.

Lösung: Mit $\vec{p} = \begin{pmatrix} 1 \\ 3 \\ 3 \end{pmatrix}$ als Stützvektor und den Spannvektoren

$\overrightarrow{PQ} = \begin{pmatrix} 1 \\ -1 \\ 0 \end{pmatrix} - \begin{pmatrix} 1 \\ 3 \\ 3 \end{pmatrix} = \begin{pmatrix} 0 \\ -4 \\ -3 \end{pmatrix}$ und $\overrightarrow{PR} = \begin{pmatrix} -2 \\ 2 \\ 1 \end{pmatrix} - \begin{pmatrix} 1 \\ 3 \\ 3 \end{pmatrix} = \begin{pmatrix} -3 \\ -1 \\ -2 \end{pmatrix}$

lautet die Parameterform: $E\colon \vec{x} = \begin{pmatrix} 1 \\ 3 \\ 3 \end{pmatrix} + s \cdot \begin{pmatrix} 0 \\ -4 \\ -3 \end{pmatrix} + t \cdot \begin{pmatrix} -3 \\ -1 \\ -2 \end{pmatrix}$

Beispiel 3:

Bestimmen Sie die Parameterform der Ebene E′, wenn die Ebene E′ die Gerade

$g\colon \vec{x} = \begin{pmatrix} 12 \\ 0 \\ -17 \end{pmatrix} + t \cdot \begin{pmatrix} -0{,}5 \\ 1 \\ 4 \end{pmatrix}$ und den Punkt $P'(2|4|1)$ enthält.

Geraden-/Ebenengleichung

Lösung:

Der Ortsvektor von $P'(2\,|\,4\,|\,1)$ sei der Stützvektor von E'. Der Geradenpunkt $A(12\,|\,0\,|\,-17)$ ist wegen $g \in E'$ auch ein Punkt der Ebene E'.

Den Richtungsvektor $\vec{v} = \begin{pmatrix} -0{,}5 \\ 1 \\ 4 \end{pmatrix}$

der Geraden g kann man als einen Spannvektor von E' nehmen, da g in E' liegt $(g \in E')$.

Der Vektor $\overrightarrow{AP'} = \begin{pmatrix} 2 \\ 4 \\ 1 \end{pmatrix} - \begin{pmatrix} 12 \\ 0 \\ -17 \end{pmatrix} = \begin{pmatrix} -10 \\ 4 \\ 18 \end{pmatrix}$ ist der zweite Spannvektor,

da $\overrightarrow{AP'}$ in der Ebene E' liegt und nicht parallel zu $\vec{v}$ ist. Damit lautet die Parameterform der Ebene E':

$$\vec{x} = \begin{pmatrix} 2 \\ 4 \\ 1 \end{pmatrix} + s \cdot \begin{pmatrix} -0{,}5 \\ 1 \\ 4 \end{pmatrix} + t \cdot \begin{pmatrix} -10 \\ 4 \\ 18 \end{pmatrix}$$

Beispiel 4:

Bestimmen Sie die Parameterform der Ebene E, wenn die Geraden g und h in der Ebene liegen:

$$g\colon\ \vec{x} = \begin{pmatrix} 5 \\ -3 \\ 4 \end{pmatrix} + s \cdot \begin{pmatrix} 1 \\ 0 \\ -3 \end{pmatrix} \quad \text{und} \quad h\colon\ \vec{x} = \begin{pmatrix} 7 \\ 6 \\ -2 \end{pmatrix} + t \cdot \begin{pmatrix} 0 \\ -4 \\ 1 \end{pmatrix}$$

Lösung:

Da beide Geraden in der Ebene liegen und nicht parallel zueinander sind, können ihre Richtungsvektoren als Spannvektoren von E genommen werden:

$$\vec{v}_1 = \begin{pmatrix} 1 \\ 0 \\ -3 \end{pmatrix} \quad \text{und} \quad \vec{v}_2 = \begin{pmatrix} 0 \\ -4 \\ 1 \end{pmatrix}$$

Ein Punkt auf der Geraden g ist $A(5\,|\,-3\,|\,4)$. Wegen $g \in E$ ist auch $A \in E$. Somit kann man den Ortsvektor von A als Stützvektor der Ebene nehmen. Damit lautet die Parameterform der Ebene:

$$E\colon\ \vec{x} = \begin{pmatrix} 5 \\ -3 \\ 4 \end{pmatrix} + s \cdot \begin{pmatrix} 1 \\ 0 \\ -3 \end{pmatrix} + t \cdot \begin{pmatrix} 0 \\ -4 \\ 1 \end{pmatrix}$$

2 Die Koordinatengleichung

Neben der Parameterform gibt es noch eine weitere Möglichkeit, eine Ebene zu beschreiben: die so genannte **Koordinatengleichung**. Sie hat gegenüber der Parameterform den Vorteil, dass man mit einem viel geringeren Rechenaufwand prüfen kann, ob ein Punkt in der Ebene liegt oder nicht. Außerdem spielt die Koordinatengleichung bei der Bestimmung von Abständen eine große Rolle (→ *Kapitel „Abstände und Längen", Abschnitt 3*).

Merke

Die Koordinatengleichung einer Ebene E hat die Form:

E: $n_1 \cdot x_1 + n_2 \cdot x_2 + n_3 \cdot x_3 = d$

mit n_1, n_2, n_3 und $d \in \mathbb{R}$.

Die Werte für n_1, n_2 und n_3 sind die Koordinaten eines Vektors $\vec{n}$, der senkrecht auf der Ebene steht. Dieser Vektor heißt **Normalenvektor**. Ein Punkt X liegt dann auf der Ebene E, wenn seine Koordinaten x_1, x_2, x_3 die Gleichung $n_1 \cdot x_1 + n_2 \cdot x_2 + n_3 \cdot x_3 = d$ erfüllen.

Zur **Herleitung** der Koordinatengleichung: Der Vektor zwischen dem Ebenenpunkt P und jedem beliebigen anderen Punkt X der Ebene steht senkrecht auf $\vec{n}$.

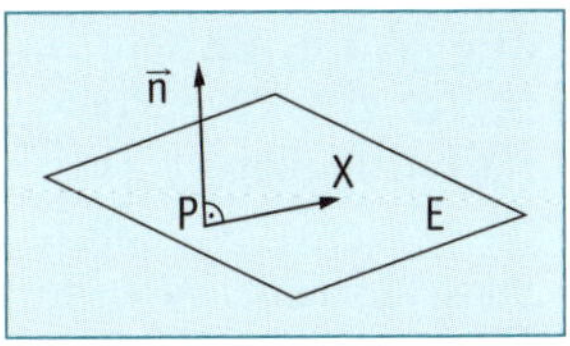

Es gilt also: $\overrightarrow{PX} \cdot \vec{n} = 0$ bzw. $(\vec{x} - \vec{p}) \cdot \vec{n} = 0$

Durch Ausmultiplizieren erhält man die Koordinatengleichung.

Beim **Aufstellen einer Koordinatengleichung** muss man immer zuerst einen Normalenvektor der Ebene finden. Dann ist die Koordinatengleichung $n_1 \cdot x_1 + n_2 \cdot x_2 + n_3 \cdot x_3 = d$ bis auf den Wert d bestimmt. Den Wert für d berechnet man anschließend durch Einsetzen eines Ebenenpunkts. Wie man dabei im Einzelnen vorgeht, zeigt folgendes Beispiel:

Beispiel

Die Punkte A(−2 | −1 | 4), B(3 | −4 | 0) und C(−1 | 4 | 6) liegen in der Ebene E. Bestimmen Sie eine Koordinatengleichung der Ebene E. Zeigen Sie, dass der Punkt D(5 | 2 | 2) auf E liegt.

1. Schritt: Aufstellen zweier Spannvektoren

Zunächst bestimmt man zwei Spannvektoren. Diese sind deshalb wichtig, weil man sie zur Berechnung des Normalenvektors $\vec{n}$ benötigt. Als Spannvektoren kann man die Vektoren $\overrightarrow{AB}$ und $\overrightarrow{AC}$ nehmen:

$$\vec{v}_1 = \overrightarrow{AB} = \begin{pmatrix} 3 \\ -4 \\ 0 \end{pmatrix} - \begin{pmatrix} -2 \\ -1 \\ 4 \end{pmatrix} = \begin{pmatrix} 5 \\ -3 \\ -4 \end{pmatrix} \text{ und } \vec{v}_2 = \overrightarrow{AC} = \begin{pmatrix} -1 \\ 4 \\ 6 \end{pmatrix} - \begin{pmatrix} -2 \\ -1 \\ 4 \end{pmatrix} = \begin{pmatrix} 1 \\ 5 \\ 2 \end{pmatrix}$$

Anmerkung: Als Spannvektor könnte man auch $\overrightarrow{BC}$ wählen.

2. Schritt: Berechnung des Normalenvektors

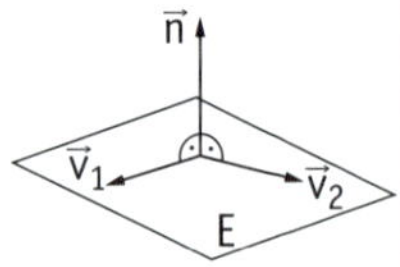

Bei der Berechnung von $\vec{n}$ nutzt man die Eigenschaft aus, dass $\vec{n}$ senkrecht auf den beiden Spannvektoren $\vec{v}_1$ und $\vec{v}_2$ steht (siehe Zeichnung). Das bedeutet, dass das Skalarprodukt zwischen $\vec{n}$ und $\vec{v}_1$ bzw. zwischen $\vec{n}$ und $\vec{v}_2$ jeweils 0 sein muss (→ *Kapitel „Punkte und Vektoren im kartesischen Koordinatensystem, Abschnitt 2.6*). Es muss also gelten:

$$\text{(I) } \vec{n} \cdot \vec{v}_1 = 0 \text{ und } \vec{n} \cdot \vec{v}_2 = 0 \text{ (II)}$$

Mit Koordinaten: $$\text{(I) } \begin{pmatrix} n_1 \\ n_2 \\ n_3 \end{pmatrix} \cdot \begin{pmatrix} 5 \\ -3 \\ -4 \end{pmatrix} = 0 \text{ und } \begin{pmatrix} n_1 \\ n_2 \\ n_3 \end{pmatrix} \cdot \begin{pmatrix} 1 \\ 5 \\ 2 \end{pmatrix} \text{ (II)}$$

Durch Ausmultiplizieren der Skalarprodukte erhält man folgendes Gleichungssystem:

$$\begin{aligned} 5n_1 - 3n_2 - 4n_3 &= 0 \quad \text{(I)} \\ n_1 + 5n_2 + 2n_3 &= 0 \quad \text{(II)} \end{aligned}$$

Den gesuchten Normalenvektor erhält man, indem man dieses Gleichungssystem löst (→ *Kapitel „Lineare Gleichungssysteme, Abschnitt 1*):

$$\begin{aligned} 5n_1 - 3n_2 - 4n_3 &= 0 \quad \text{(I)} \\ n_1 + 5n_2 + 2n_3 &= 0 \quad \text{(II)} \\ \hline 5n_1 - 3n_2 - 4n_3 &= 0 \quad \text{(III)} \\ -5n_1 - 25n_2 - 10n_3 &= 0 \quad \text{(IV)} = \text{(II)} \cdot (-5) \\ \hline 5n_1 - 3n_2 - 4n_3 &= 0 \quad \text{(V)} \\ -28n_2 - 14n_3 &= 0 \quad \text{(VI)} = \text{(III)} + \text{(IV)} \end{aligned}$$

Dieses Gleichungssystem hat unendlich viele Lösungen. Denn jedes Vielfache eines bestimmten Normalenvektors ergibt einen Vektor, der ebenfalls senkrecht zur Ebene steht. Zum Aufstellen der Koordinatengleichung benötigt man aber nur eine Lösung für $\vec{n}$. Daher kann man in Gleichung (VI) eine n-Koordinate frei wählen (außer 0!). In diesem Beispiel bietet sich $\mathbf{n_3 = 2}$ an. Durch Einsetzen in (VI) $-28n_2 - 14n_3 = 0$ folgt für n_2:

$$-28n_2 - 28 = 0 \quad | +28$$
$$-28n_2 = 28 \quad | : (-28)$$
$$n_2 = -1$$

Für n_1 folgt durch Einsetzen von $n_3 = 2$ und $n_2 = -1$ in Gleichung (V) $5n_1 - 3n_2 - 4n_3 = 0$:

$$5n_1 - 3\cdot(-1) - 4\cdot(2) = 0$$
$$5n_1 + 3 - 8 = 0$$
$$5n_1 - 5 = 0 \quad | +5$$
$$5n_1 = 5 \quad | :5$$
$$n_1 = 1$$

Zwischenergebnis: Der Normalenvektor $\vec{n}$ hat die Koordinaten

$\mathbf{n_1 = 1,\ n_2 = -1}$ und $\mathbf{n_3 = 2}$. Damit lautet die Koordinatengleichung:

$$1\cdot x_1 - 1\cdot x_2 + 2\cdot x_3 = d \Leftrightarrow x_1 - x_2 + 2x_3 = d$$

3. Schritt: Bestimmen der Konstante d

Zur vollständigen Koordinatengleichung fehlt noch der Wert für d. Dazu setzt man einfach die Koordinaten eines bekannten Ebenenpunkts in die Koordinatengleichung ein. Durch Einsetzen der Koordinaten des Ebenenpunkts $A(-2\,|\,-1\,|\,4)$ in die Gleichung

$x_1 - x_2 + 2x_3 = d$ folgt: $(-2) - (-1) + 2\cdot(4) = d$

$$-2 + 1 + 8 = d$$
$$7 = d \text{ bzw. } d = 7$$

Ergebnis:

Die Koordinatengleichung der Ebene E lautet: E: $x_1 - x_2 + 2x_3 = 7$

Zu zeigen: $D(5\,|\,2\,|\,2) \in E$:

Durch Einsetzen der Koordinaten von $D(5\,|\,2\,|\,2)$ folgt:

$5 - 2 + 2\cdot 2 = 7 \Leftrightarrow 7 = 7$ Damit ist D ein Punkt von E; q.e.d.

Schnittprobleme

1 Schnitt zwischen einer Geraden und einer Ebene

Die Schnittpunkte zwischen einer Geraden g und einer Ebene E sind all die Punkte, die sowohl auf der Geraden als auch in der Ebene liegen. Der folgende Abschnitt erläutert, wie man diese Schnittpunkte rechnerisch bestimmt. Dabei können folgende drei Fälle vorkommen:

1. Fall: Die Gerade g durchstößt die Ebene E an genau einem Punkt. Dieser Punkt ist dann der einzige gemeinsame Punkt, der Schnittpunkt S. Die Lösungsmenge ist: $g \cap E = \{S\}$.

2. Fall: Die Gerade g verläuft parallel zur Ebene E. Dann gibt es keinen gemeinsamen Punkt zwischen g und E, die Schnittmenge ist leer: $g \cap E = \{\ \}$.

3. Fall: Die Gerade g liegt in der Ebene E. Alle Punkte von g gehören gleichzeitig auch zur Ebene E. Die Schnittmenge ist die Gerade g selbst: $g \cap E = \{g\}$.

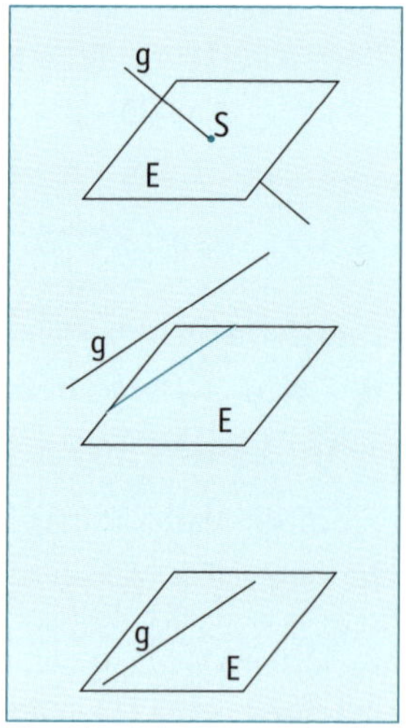

Jeder der drei Fälle wird nun an einem Beispiel vorgestellt. Man beachte, dass Schnittprobleme mit Ebenen am einfachsten mithilfe der Koordinatengleichung der Ebene gelöst werden. Wenn man die Schnittmenge zwischen einer Geraden und einer Ebene mithilfe der Parametergleichung einer Ebene berechnen will, muss man ein LGS lösen, das aus drei Variablen und drei Gleichungen besteht. Dieser Lösungsweg ist recht umständlich und sollte vermieden werden.

Merke

Die Koordinaten der gemeinsamen Punkte zwischen einer Geraden und einer Ebene müssen sowohl die Gleichung der Geraden als auch der Ebene erfüllen. Dabei ist es vorteilhaft, wenn man die Rechnung mithilfe der Koordinatengleichung der Ebene durchführt. Die Berechnung mit der Parameterform ist viel aufwendiger und wird daher nicht vorgestellt.

Beispiele

Beispiel 1: genau ein Schnittpunkt

Bestimmen Sie die Koordinaten des Schnittpunkts zwischen g und E:

$$g: \vec{x} = \begin{pmatrix} 8 \\ -9 \\ 5 \end{pmatrix} + t \cdot \begin{pmatrix} 3 \\ -2 \\ 1 \end{pmatrix}, \quad E: 2x_1 - x_2 + 5x_3 = 24$$

1. Schritt: die allgemeinen Koordinaten der Geradenpunkte ablesen

Zur Bestimmung der Schnittpunkte geht man von den allgemeinen Koordinaten der Geradenpunkte aus. Diese von einer Variablen abhängigen Koordinaten ergeben sich direkt aus der Parameterform von g:

$$\vec{x} = \begin{pmatrix} 8 \\ -9 \\ 5 \end{pmatrix} + t \cdot \begin{pmatrix} 3 \\ -2 \\ 1 \end{pmatrix} = \begin{pmatrix} 8 + 3t \\ -9 - 2t \\ 5 + t \end{pmatrix}$$

Es sind also: $\mathbf{x_1 = 8 + 3t}$, $\mathbf{x_2 = -9 - 2t}$ und $\mathbf{x_3 = 5 + t}$.

Im folgenden Schritt bestimmt man den t-Wert so, dass auch die Koordinatengleichung der Ebene von $\mathbf{x_1 = 8 + 3t}$, $\mathbf{x_2 = -9 - 2t}$ und $\mathbf{x_3 = 5 + t}$ erfüllt ist.

2. Schritt: Einsetzen in die Koordinatengleichung der Ebene

Indem man die t-abhängigen Koordinaten $\mathbf{x_1 = 8 + 3t}$, $\mathbf{x_2 = -9 - 2t}$ und $\mathbf{x_3 = 5 + t}$ in die Koordinatengleichung $2x_1 - x_2 + 5x_3 = 24$ einsetzt und die resultierende Gleichung nach t auflöst, erhält man einen Wert für t. Es folgt:

$$\begin{aligned} 2 \cdot (8 + 3t) - (-9 - 2t) + 5 \cdot (5 + t) &= 24 \\ 16 + 6t + 9 + 2t + 25 + 5t &= 24 \\ 50 + 13t &= 24 \quad &&| -50 \\ 13t &= -26 \quad &&| :13 \\ t &= -2 \end{aligned}$$

3. Schritt: Berechnung der Koordinaten des Schnittpunkts

Die Koordinaten des Schnittpunkts erhält man schließlich mithilfe des berechneten t-Werts. Durch Einsetzen von $t = -2$ folgt für

$x_1 = 8 + 3t$, $x_2 = -9 - 2t$ und $x_3 = 5 + t$:

$x_1 = 8 + 3 \cdot (-2) = 2$

$x_2 = -9 - 2 \cdot (-2) = -5$

$x_3 = 5 + (-2) = 3$

Ergebnis:

Die Gerade g schneidet die Ebene E im Punkt $S(2 \mid -5 \mid 3)$.

Beispiel 2: kein Schnittpunkt

Bestimmen Sie die Schnittmenge zwischen g und E:

$$g: \vec{x} = \begin{pmatrix} 4 \\ 0 \\ 2 \end{pmatrix} + t \cdot \begin{pmatrix} 2 \\ 1 \\ 4 \end{pmatrix}, \quad E: x_1 + 2x_2 - x_3 = 5$$

1. Schritt: die allgemeinen Koordinaten der Geradenpunkte ablesen

Aus der Geradengleichung $g: \vec{x} = \begin{pmatrix} 4 \\ 0 \\ 2 \end{pmatrix} + t \cdot \begin{pmatrix} 2 \\ 1 \\ 4 \end{pmatrix}$ folgt:

$\mathbf{x_1 = 4 + 2t}$, $\mathbf{x_2 = t}$ und $\mathbf{x_3 = 2 + 4t}$.

2. Schritt: Einsetzen in die Koordinatengleichung der Ebene

Einsetzen von $\mathbf{x_1 = 4 + 2t}$, $\mathbf{x_2 = t}$ und $\mathbf{x_3 = 2 + 4t}$ in

E: $x_1 + 2x_2 - x_3 = 5$ ergibt:

$$\begin{aligned} 4 + 2t + 2t - (2 + 4t) &= 5 \\ 4 + 4t - 2 - 4t &= 5 \\ 2 &= 5 \end{aligned}$$

Diese Gleichung ist offensichtlich falsch und kann für kein $t \in \mathbb{R}$ erfüllt werden! Das heißt, es gibt keine gemeinsamen Punkte zwischen der Geraden g und der Ebene E. Die Gerade g muss also parallel zur Ebene E verlaufen.

Ergebnis:

Die Gerade g verläuft parallel zur Ebene E. Es gibt keine gemeinsamen Punkte. $g \cap E = \{\ \}$

Schnittprobleme

Beispiel 3: unendlich viele Schnittpunkte

Bestimmen Sie die Schnittmenge zwischen g und E:

$$g:\ \vec{x} = \begin{pmatrix} 4 \\ 1 \\ 3 \end{pmatrix} + t \cdot \begin{pmatrix} -1 \\ 3 \\ 1 \end{pmatrix}, \quad E:\ 2x_1 + x_2 - x_3 = 6$$

1. Schritt: die allgemeinen Koordinaten der Geradenpunkte ablesen

Der Geradengleichung g: $\vec{x} = \begin{pmatrix} 4 \\ 1 \\ 3 \end{pmatrix} + t \cdot \begin{pmatrix} -1 \\ 3 \\ 1 \end{pmatrix} = \begin{pmatrix} 4 - t \\ 1 + 3t \\ 3 + t \end{pmatrix}$ entnimmt man:

$\mathbf{x_1 = 4 - t}$, $\mathbf{x_2 = 1 + 3t}$ und $\mathbf{x_3 = 3 + t}$

2. Schritt: Einsetzen in die Koordinatengleichung der Ebene

Durch Einsetzen der Koordinaten $\mathbf{x_1 = 4 - t}$, $\mathbf{x_2 = 1 + 3t}$ und $\mathbf{x_3 = 3 + t}$ in die Ebenengleichung E: $2x_1 + x_2 - x_3 = 6$ folgt:

$$\begin{aligned} 2 \cdot (4 - t) + 1 + 3t - (3 + t) &= 6 \\ 8 - 2t + 1 + 3t - 3 - t &= 6 \\ 6 - 0t &= 6 \\ 6 &= 6 \end{aligned}$$

Diese Gleichung ist unabhängig von der Variablen t immer erfüllt. Das heißt, dass alle Geradenpunkte in der Ebene liegen.

Ergebnis:

Die Gerade g liegt in der Ebene E. Alle gemeinsamen Punkte zwischen g und E liegen auf der Geraden g. $g \cap E = \{g\}$

Schnittprobleme

2 Schnitt zweier Ebenen

Zwei zueinander geneigte Ebenen schneiden sich in einer Geraden. Stehen die Ebenen parallel zueinander, gibt es keine gemeinsamen Punkte. Beim trivialen Fall sind die Ebenen identisch, liegen also ineinander. Wie man die Schnittmenge in den jeweiligen Fällen rechnerisch bestimmt, wird im Folgenden gezeigt.

Profi-Tipp

Die Schnittmenge zweier Ebenen wird am einfachsten mithilfe der beiden Koordinatengleichungen berechnet. Die Berechnung mit den Parameterformen ist unverhältnismäßig aufwendig.

Beispiele

Beispiel 1: die Ebenen schneiden sich in einer Geraden

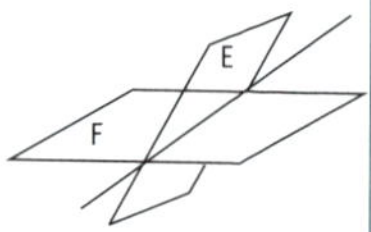

Bestimmen Sie die Gleichung der Schnittgeraden zwischen den Ebenen

E: $4x_1 - 2x_2 + x_3 = 31$ und F: $2x_1 - 3x_2 + x_3 = 7$

1\. Schritt: Aufstellen eines Gleichungssystems

Da die Punkte der Schnittmenge gleichzeitig auf beiden Ebenen liegen, müssen deren Koordinaten auch beide Ebenengleichungen erfüllen. Diese Bedingung führt zu folgendem Gleichungssystem:

E: $4x_1 - 2x_2 + x_3 = 31$ (I)
F: $2x_1 - 3x_2 + x_3 = 7$ (II)

2\. Schritt: Lösen des Gleichungssystems

Ein LGS, das aus zwei Gleichungen und drei Variablen besteht, wird am einfachsten mit dem Additionsverfahren gelöst (→ *Kapitel „Lineare Gleichungssysteme in der analytischen Geometrie"*):

$$\begin{aligned} 4x_1 - 2x_2 + x_3 &= 31 && \text{(III)} \\ -4x_1 + 6x_2 - 2x_3 &= -14 && \text{(IV)} = \text{(II)} \cdot (-2) \\ \hline 4x_1 - 2x_2 + x_3 &= 31 && \text{(V)} \\ 4x_2 - x_3 &= 17 && \text{(VI)} = \text{(III)} + \text{(IV)} \end{aligned}$$

Da in Gleichung (VI) eine Variable frei wählbar ist, hat dieses Gleichungssystem unendlich viele Lösungen. Um die Lösungsmenge anzugeben, setzt man für eine der zwei x-Koordinaten in Gleichung (VI) die Variable t ($t \in \mathbb{R}$) und drückt anschließend die beiden anderen Variablen in Ab-

hängigkeit von t aus. Mit $x_2 = t$ folgt durch Einsetzen in Gleichung (VI)
$4x_2 - x_3 = 17$ für x_3:

$4t - x_3 = 17 \quad | + x_3 - 17$
$4t - 17 = x_3$ bzw. $x_3 = -17 + 4t$

Durch Einsetzen von $x_2 = t$ und $x_3 = -17 + 4t$ in Gleichung (V)
$4x_1 - 2x_2 + x_3 = 31$ folgt für x_1:

$$
\begin{aligned}
4x_1 - 2t - 17 + 4t &= 31 \\
4x_1 + 2t - 17 &= 31 \quad | + 17 - 2t \\
4x_1 &= 48 - 2t \quad | :4 \\
x_1 &= 12 - 0{,}5t
\end{aligned}
$$

3. Schritt: Deutung der berechneten x-Koordinaten als Schnittgerade

Betrachtet man die berechneten x-Koordinaten als Komponenten eines Vektors, der die Lage der Schnittpunkte beschreibt, folgt:

$$\vec{x} = \begin{pmatrix} x_1 \\ x_2 \\ x_3 \end{pmatrix} = \begin{pmatrix} 12 - 0{,}5t \\ t \\ -17 + 4t \end{pmatrix}$$

Durch Aufspalten in eine Summe aus zwei Vektoren ergibt sich:

$$\vec{x} = \begin{pmatrix} 12 - 0{,}5t \\ t \\ -17 + 4t \end{pmatrix} = \begin{pmatrix} 12 \\ 0 \\ -17 \end{pmatrix} + \begin{pmatrix} -0{,}5t \\ t \\ 4t \end{pmatrix} = \begin{pmatrix} 12 \\ 0 \\ -17 \end{pmatrix} + t \cdot \begin{pmatrix} -0{,}5 \\ 1 \\ 4 \end{pmatrix}$$

Genau das ist die Parameterform einer Geraden (→ *Kapitel „Geraden-/Ebenengleichung", Abschnitt 1*). Die gesuchte Schnittmenge ist also eine Gerade.

Ergebnis:
Die Ebenen schneiden sich in der Geraden g: $\vec{x} = \begin{pmatrix} 12 \\ 0 \\ -17 \end{pmatrix} + t \cdot \begin{pmatrix} -0{,}5 \\ 1 \\ 4 \end{pmatrix}$

Beispiel 2: parallele Ebenen

Bestimmen Sie die Schnittmenge zwischen den Ebenen:

E: $9x_1 + 6x_2 - 12x_3 = 5$ und
F: $3x_1 + 2x_2 - 4x_3 = -1$

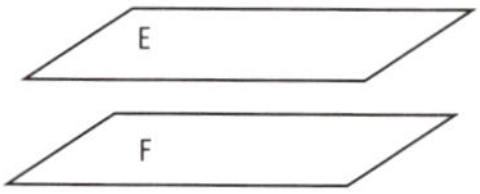

1. Schritt: Aufstellen eines Gleichungssystems

E: $9x_1 + 6x_2 - 12x_3 = 5 \qquad$ (I)
F: $3x_1 + 2x_2 - 4x_3 = -1 \qquad$ (II)

2. Schritt: Lösen des Gleichungssystems

$$9x_1 + 6x_2 - 12x_3 = 5 \qquad \text{(III)}$$
$$-9x_1 - 6x_2 + 12x_3 = 3 \qquad \text{(IV)} = \text{(II)} \cdot (-3)$$
$$9x_1 + 6x_2 - 12x_3 = 5 \qquad \text{(V)}$$
$$0 = 8 \qquad \text{(VI)} = \text{(III)} + \text{(IV)}$$

Dieses Gleichungssystem hat keine Lösung, da unabhängig von der Wahl der x-Koordinaten immer die falsche Aussage $0 = 8$ herauskommt.

Ergebnis:

Es gibt keinen gemeinsamen Punkt zwischen E und F:
$E \cap F = \{\ \}$. Das heißt: Beide Ebenen sind parallel zueinander.

Profi-Tipp

Zwei parallele Ebenen erkennt man auch daran, dass der Normalenvektor $\vec{n}_1$ der einen Ebene ein Vielfaches des Normalenvektors $\vec{n}_2$ der anderen Ebene ist.

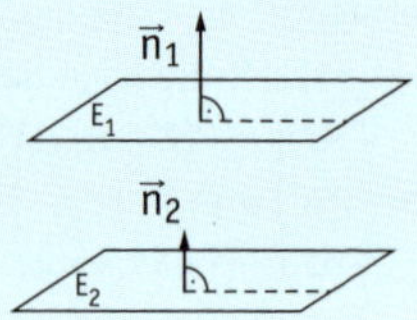

Beispiel 3: identische Ebenen

Bestimmen Sie die Schnittmenge der Ebenen E und F:

E: $-12x_1 + 2x_2 + 10x_3 = 14$ und F: $6x_1 - x_2 - 5x_3 = -7$

1. Schritt: Aufstellen eines Gleichungssystems

$$E:\ -12x_1 + 2x_2 + 10x_3 = 14 \qquad \text{(I)}$$
$$F:\ 6x_1 - x_2 - 5x_3 = -7 \qquad \text{(II)}$$

2. Schritt: Lösen des Gleichungssystems

$$-12x_1 + 2x_2 + 10x_3 = 14 \qquad \text{(III)}$$
$$12x_1 - 2x_2 - 10x_3 = -14 \qquad \text{(IV)} = \text{(II)} \cdot 2$$
$$-12x_1 + 2x_2 + 10x_3 = 14 \qquad \text{(V)}$$
$$0 = 0 \qquad \text{(VI)} = \text{(III)} + \text{(IV)}$$

Die Lösung sind also all diejenigen Punkte, deren Koordinaten die Gleichung (V) erfüllen. Das ist die Ebene E. Wenn aber die Ebene E die Schnittmenge ist, muss die andere Ebene F mit ihr identisch sein.

Ergebnis:

Die Ebenen E und F sind identisch: $E \cap F = \{E\} = \{F\}$.

3 Schnitt zweier Geraden

Zwei Geraden können auf verschiedene Weisen zueinander stehen:

1. Fall: Beide Geraden schneiden sich in genau einem Punkt.

2. Fall: Beide Geraden verlaufen parallel zueinander.

3. Fall: Beide Geraden stehen windschief zueinander, sie sind also nicht parallel, haben aber trotzdem keinen Punkt gemeinsam.

Der triviale Fall liegt dann vor, wenn beide Geraden identisch sind. Folgende Beispiele zeigen, wie man die Schnittmenge zweier Geraden berechnet.

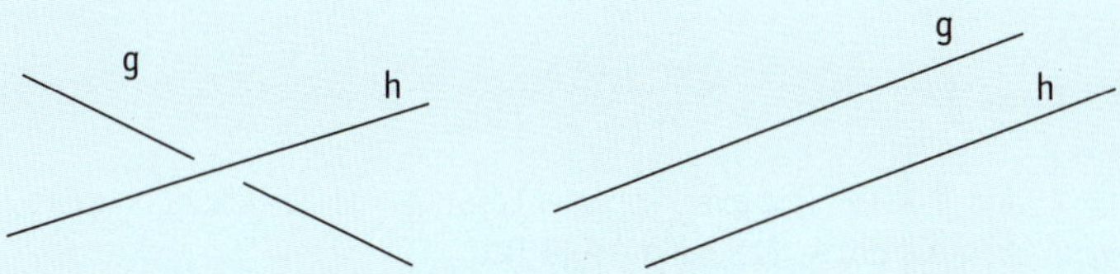

Geraden ohne gemeinsame Punkte: windschief (links) und parallel zueinander (rechts)

Beispiele

Beispiel 1: Schnitt in einem Punkt

Geben Sie die Schnittmenge zwischen g und h an und bestimmen Sie die Lage beider Geraden zueinander:

$$g\colon\ \vec{x} = \begin{pmatrix} 1 \\ 0 \\ -5 \end{pmatrix} + s \cdot \begin{pmatrix} -2 \\ 1 \\ 3 \end{pmatrix},\quad h\colon\ \vec{x} = \begin{pmatrix} 0 \\ 5 \\ 7 \end{pmatrix} + t \cdot \begin{pmatrix} 1 \\ 1 \\ 2 \end{pmatrix}$$

1. Schritt: Parameterformen gleichsetzen

Da die gemeinsamen Punkte die Parameterformen beider Geraden erfüllen sollen, muss man s und t so wählen, dass gilt:

$$\begin{pmatrix} 1 \\ 0 \\ -5 \end{pmatrix} + s \cdot \begin{pmatrix} -2 \\ 1 \\ 3 \end{pmatrix} = \begin{pmatrix} 0 \\ 5 \\ 7 \end{pmatrix} + t \cdot \begin{pmatrix} 1 \\ 1 \\ 2 \end{pmatrix}$$

Als Gleichungssystem lautet diese Vektorgleichung:

$$\begin{aligned} 1 - 2s &= t && \text{(I)} \\ s &= 5 + t && \text{(II)} \\ -5 + 3s &= 7 + 2t && \text{(III)} \end{aligned}$$

2. Schritt: Lösen des LGS mit dem Einsetzungsverfahren

Gleichungssysteme, in denen nur zwei Variablen vorkommen, können elegant mit dem Einsetzungsverfahren gelöst werden (→ *Kapitel „Lineare Gleichungssysteme in der analytischen Geometrie"*).

Durch Einsetzen von **$s = 5 + t$** (Gleichung (II)) in Gleichung (I) $1 - 2s = t$ erhält man für t:

$$
\begin{aligned}
1 - 2 \cdot (5 + t) &= t \\
1 - 10 - 2t &= t \\
-9 - 2t &= t \qquad | + 2t \\
-9 &= 3t \qquad | : 3 \\
-3 &= t \quad \text{bzw.} \quad t = -3
\end{aligned}
$$

Durch Einsetzen von **$t = -3$** in Gleichung (II) $s = 5 + t$ erhält man für s:

$s = 5 + (-3)$

$s = 2$

$s = 2$ und $t = -3$ sind aber nur dann Lösungen des Gleichungssystems, wenn auch die dritte Gleichung erfüllt ist.

Die Probe mit Gleichung (III) $-5 + 3s = 7 + 2t$ ergibt:

$$
\begin{aligned}
-5 + 3 \cdot (2) &= 7 + 2 \cdot (-3) \\
1 &= 1
\end{aligned}
$$

Die Werte **$s = 2$** und **$t = -3$** sind damit die Lösung des Gleichungssystems.

3. Schritt: Berechnen des Schnittpunkts

Den Ortsvektor des Schnittpunkts erhält man, indem man einen der beiden berechneten Werte in die entsprechende Geradengleichung einsetzt.

Durch Einsetzen von **$s = 2$** in g: $\vec{x} = \begin{pmatrix} 1 \\ 0 \\ -5 \end{pmatrix} + s \cdot \begin{pmatrix} -2 \\ 1 \\ 3 \end{pmatrix}$ erhält man:

$$\vec{x}_S = \begin{pmatrix} 1 \\ 0 \\ -5 \end{pmatrix} + 2 \cdot \begin{pmatrix} -2 \\ 1 \\ 3 \end{pmatrix} = \begin{pmatrix} 1 \\ 0 \\ -5 \end{pmatrix} + \begin{pmatrix} -4 \\ 2 \\ 6 \end{pmatrix} = \begin{pmatrix} -3 \\ 2 \\ 1 \end{pmatrix}$$

Die Koordinaten des Schnittpunkts sind also $S(-3 \mid 2 \mid 1)$.

(Zum gleichen Ergebnis kommt man übrigens, wenn man $t = -3$ in die Parameterform von h einsetzt.)

Ergebnis:

Die Geraden g und h schneiden sich im Punkt $S(-3 \mid 2 \mid 1)$.

Beispiel 2: parallele Geraden

Geben Sie die Schnittmenge zwischen den Geraden j und k an und bestimmen Sie die Lage beider Geraden zueinander:

$$j:\ \vec{x} = \begin{pmatrix} 4 \\ -3 \\ 5 \end{pmatrix} + s \cdot \begin{pmatrix} 1 \\ 1 \\ -3 \end{pmatrix},\quad k:\ \vec{x} = \begin{pmatrix} 1 \\ -3 \\ 0 \end{pmatrix} + t \cdot \begin{pmatrix} -2 \\ -2 \\ 6 \end{pmatrix} \text{ mit } s, t \in \mathbb{R}.$$

1. Schritt: Parameterformen gleichsetzen

$$\begin{pmatrix} 4 \\ -3 \\ 5 \end{pmatrix} + s \cdot \begin{pmatrix} 1 \\ 1 \\ -3 \end{pmatrix} = \begin{pmatrix} 1 \\ -3 \\ 0 \end{pmatrix} + t \cdot \begin{pmatrix} -2 \\ -2 \\ 6 \end{pmatrix}$$

Als Gleichungssystem lautet diese Vektorgleichung:

$$\begin{aligned} 4 + s &= 1 - 2t && \text{(I)} \\ -3 + s &= -3 - 2t && \text{(II)} \\ 5 - 3s &= 0 + 6t && \text{(III)} \end{aligned}$$

2. Schritt: Lösen des LGS mit dem Einsetzungsverfahren

Umformen von Gleichung (I) nach s ergibt:

$$4 + s = 1 - 2t \quad | -4$$

$$\mathbf{s = -3 - 2t}$$

Einsetzen von $\mathbf{s = -3 - 2t}$ in Gleichung (II) $-3 + s = -3 - 2t$ ergibt:

$$-3 + (\mathbf{-3 - 2t}) = -3 - 2t$$

$$-6 - 2t = -3 - 2t \quad | +3 + 2t$$

$$\mathbf{-3 = 0}$$

Dieses Ergebnis bedeutet, dass das Gleichungssystem unabhäbgig von der Wahl für s und t nie erfüllt werden kann. Die Geraden haben demnach keine gemeinsamen Punkte. In diesem Fall muss man noch prüfen, ob die Geraden parallel oder windschief zueinander stehen.

3. Schritt: Windschief oder parallel? Vergleich der Richtungsvektoren

Um entscheiden zu können, ob die Geraden windschief oder parallel zueinander stehen, muss man die beiden Richtungsvektoren miteinander vergleichen. Falls der eine Richtungsvektor ein Vielfaches des anderen ist, sind die Geraden parallel, ansonsten sind sie windschief. Die Frage ist also:

Gibt es ein k, so dass die Gleichung $\begin{pmatrix} -2 \\ -2 \\ 6 \end{pmatrix} = k \cdot \begin{pmatrix} 1 \\ 1 \\ -3 \end{pmatrix}$ erfüllt ist?

Das entsprechende Gleichungssystem lautet:

$-2 = k$ (I)

$-2 = k$ (II)

$6 = k \cdot (-3)$ (III)

Die Gleichungen (I) und (II) sind für $k = -2$ erfüllt. Die Probe mit Gleichung (III) bestätigt die Lösung: $\mathbf{k = -2}$. Der Richtungsvektor der einen Geraden ist also ein Vielfaches des anderen (und umgekehrt). Somit sind beide Geraden parallel zueinander.

Ergebnis:

Die Geraden j und k haben keinen Punkt gemeinsam und verlaufen parallel zueinander.

Beispiel 3: windschiefe Geraden

Geben Sie die Schnittmenge zwischen den Geraden g und h an und bestimmen Sie die Lage beider Geraden zueinander:

$$g\colon\ \vec{x} = \begin{pmatrix} 0 \\ 3 \\ -1 \end{pmatrix} + s \cdot \begin{pmatrix} 1 \\ 3 \\ -4 \end{pmatrix},\quad h\colon\ \vec{x} = \begin{pmatrix} 4 \\ -3 \\ 6 \end{pmatrix} + t \cdot \begin{pmatrix} -1 \\ 2 \\ 1 \end{pmatrix} \text{ mit } s, t \in \mathbb{R}.$$

1. Schritt: Parameterformen gleichsetzen

$$\begin{pmatrix} 0 \\ 3 \\ -1 \end{pmatrix} + s \cdot \begin{pmatrix} 1 \\ 3 \\ -4 \end{pmatrix} = \begin{pmatrix} 4 \\ -3 \\ 6 \end{pmatrix} + t \cdot \begin{pmatrix} -1 \\ 2 \\ 1 \end{pmatrix}$$

Als Gleichungssystem lautet diese Vektorgleichung:

$s = 4 - t$ (I)

$3 + 3s = -3 + 2t$ (II)

$-1 - 4s = 6 + t$ (III)

2. Schritt: Lösen des LGS mit dem Einsetzungsverfahren

Einsetzen von $\mathbf{s = 4 - t}$ in Gleichung (II) $3 + 3s = -3 + 2t$ ergibt:

$$\begin{aligned} 3 + 3 \cdot (\mathbf{4 - t}) &= -3 + 2t \\ 3 + 12 - 3t &= -3 + 2t \\ 15 - 3t &= -3 + 2t && \mid +3 + 3t \\ 18 &= 5t && \mid :5 \\ 3{,}6 &= t \text{ bzw. } \mathbf{t = 3{,}6} \end{aligned}$$

Einsetzen von $\mathbf{t = 3{,}6}$ in Gleichung (I) $s = 4 - t$ ergibt den s-Wert:

$\mathbf{s} = 4 - 3{,}6 \mathbf{= 0{,}4}$

Probe: Durch Einsetzen von $t = 3{,}6$ und $s = 0{,}4$ in Gleichung (III) $-1 - 4s = 6 + t$ folgt:

$$-1 - 4 \cdot (0{,}4) = 6 + 3{,}6$$
$$-1 - 1{,}6 = 9{,}6$$
$$-2{,}6 = 9{,}6$$

Das Gleichungssystem kann also nicht gelöst werden. Das heißt, beide Geraden haben keine gemeinsamen Punkte. In diesem Fall muss man noch prüfen, ob die Geraden parallel oder windschief zueinander stehen.

3. Schritt: Windschief oder parallel? Vergleich der Richtungsvektoren

Um entscheiden zu können, ob die Geraden windschief oder parallel zueinander stehen, muss man die beiden Richtungsvektoren miteinander vergleichen. Falls der eine Richtungsvektor ein Vielfaches des anderen ist, sind die Geraden parallel, ansonsten sind sie windschief. Die Frage ist also:

Gibt es ein k, so dass die Gleichung $\begin{pmatrix} 1 \\ 3 \\ -4 \end{pmatrix} = k \cdot \begin{pmatrix} -1 \\ 2 \\ 1 \end{pmatrix}$ erfüllt ist?

Das entsprechende Gleichungssystem lautet:

$1 = -k$ (I)

$3 = 2k$ (II)

$-4 = k$ (III)

Es gibt offensichtlich keinen Wert für k, der dieses Gleichungssystem erfüllt. Die Richtungsvektoren der beiden Geraden sind also nicht parallel zueinander. Da es auch keine gemeinsamen Punkte gibt, müssen beide Geraden windschief zueinander stehen.

Ergebnis:

Die Geraden g und h haben keinen Punkt gemeinsam und sind windschief zueinander.

Abstände und Längen

1 Der Abstand zweier Punkte

Merke:

Der Abstand $\overline{AB}$ zweier Punkte $A(a_1 | a_2 | a_3)$ und $B(b_1 | b_2 | b_3)$ ist gleich der Länge des Vektors AB: $\overline{AB} = |\overrightarrow{AB}|$.

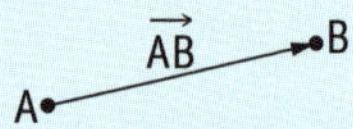

Mit dem Vektor $\overrightarrow{AB} = \begin{pmatrix} b_1 - a_1 \\ b_2 - a_2 \\ b_3 - a_3 \end{pmatrix}$

(→ *Kapitel „Punkte und Vektoren", Abschnitt 2.1*) folgt:

$\overline{AB} = \sqrt{(b_1 - a_1)^2 + (b_2 - a_2)^2 + (b_3 - a_3)^2}$

(→ *Kapitel „Punkte und Vektoren", Abschnitt 2.3*)

Beispiel

Bestimmen Sie die Länge der Strecke $\overline{AB}$: $A(6 | -4 | 2)$, $B(5 | 7 | -1)$

1\. Schritt: Aufstellen des Vektors $\overrightarrow{AB}$:

Es ist: $\overrightarrow{AB} = \begin{pmatrix} 5 \\ 7 \\ -1 \end{pmatrix} - \begin{pmatrix} 6 \\ -4 \\ 2 \end{pmatrix} = \begin{pmatrix} -1 \\ 11 \\ -3 \end{pmatrix}$

2\. Schritt: Berechnung der Vektorlänge:

(→ *Kapitel „Punkte und Vektoren", Abschnitt 2.1*)

Für den Betrag des Vektors $\overrightarrow{AB}$ gilt:

$|\overrightarrow{AB}| = \sqrt{(-1)^2 + (11)^2 + (-3)^2}$

$|\overrightarrow{AB}| = \sqrt{131} \approx 11{,}45$

Ergebnis:

Die Strecke $\overline{AB}$ ist 11,45 LE lang.

2 Der Abstand eines Punktes von einer Geraden

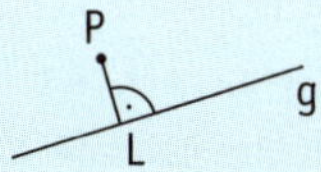

Die kürzeste Strecke von P nach g steht senkrecht auf g.

Der Abstand eines Punktes P von einer Geraden g ist die kürzeste Verbindung zwischen P und g. Diese Verbindungslinie steht immer senkrecht auf der Geraden. Dort, wo die Senkrechte von P zu g die Gerade schneidet, ist der so genannte Lotfußpunkt L (siehe Zeichnung). Der Lotfußpunkt L spielt bei der Berechnung des Abstands von P zur Geraden g eine zentrale Rolle. Kennt man nämlich die Koordinaten von L, ist der gesuchte Abstand die Länge des Vektors $\overrightarrow{PL}$. Um den Lotfußpunkt L zu berechnen, benötigt man eine Hilfsebene E_H. Indem man diese Hilfsebene so wählt, dass sie den Punkt P enthält und die Gerade g senkrecht auf ihr steht, ergibt sich L als Schnittpunkt zwischen der Geraden g und der **Hilfsebene E_H** (siehe Zeichnung).

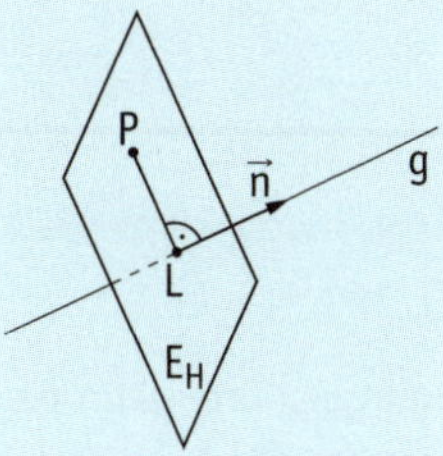

Die Gerade g steht senkrecht auf der Hilfsebene E_H, die den Punkt P enthält. Der Lotfußpunkt L ist der Schnittpunkt zwischen g und E_H.

Die Koordinatengleichung von E_H erhält man folgendermaßen: Da g senkrecht auf E_H steht, ist der Richtungsvektor $\vec{v}$ von g ein Normalenvektor der Ebene E_H. Damit fehlt in der Koordinatengleichung von E_H nur noch die Konstante d, die man durch Einsetzen der Koordinaten von P bestimmt (→ *Kapitel „Geraden-/Ebenengleichung", Abschnitt 2*). Das Beispiel zeigt den Rechengang im Einzelnen.

Beispiel

Bestimmen Sie den Abstand des Punktes $P(7\,|\,8\,|\,-5)$ von der Geraden

$$g:\ \vec{x} = \begin{pmatrix} 3 \\ 6 \\ 0 \end{pmatrix} + s \cdot \begin{pmatrix} -2 \\ 2 \\ 1 \end{pmatrix}$$

1. Schritt: Aufstellen der Hilfsebene E_H

Der Richtungsvektor $\vec{v}$ von g ist gleichzeitig ein Normalenvektor der

Hilfsebene E_H: $\vec{v} = \vec{n} = \begin{pmatrix} -2 \\ 2 \\ 1 \end{pmatrix}$

Damit lautet die Koordinatengleichung der Hilfsebene E_H:

$-2x_1 + 2x_2 + x_3 = d$

Durch Einsetzen der Koordinaten von $P(7 | 8 | -5)$ erhält man die noch fehlende Konstante d:

$$-2 \cdot (7) + 2 \cdot (8) + (-5) = d$$
$$-14 + 16 - 5 = d$$
$$-3 = d \text{ bzw. } \mathbf{d = -3}$$

Damit ist $\mathbf{E_H: -2x_1 + 2x_2 + x_3 = -3}$.

2. Schritt: Berechnung des Lotfußpunkts L

Wie bereits erwähnt, ist L der Schnittpunkt zwischen g und der Ebene E_H. Diesen Schnittpunkt berechnet man folgendermaßen (→ *Kapitel „Schnittprobleme" Abschnitt 1*): Die Geradenpunkte haben die von der Variablen s abhängigen Koordinaten $\mathbf{x_1 = 3 - 2s, x_2 = 6 + 2s}$ und $\mathbf{x_3 = s}$. Einsetzen in die Koordinatengleichung von $E_H: -2x_1 + 2x_2 + x_3 = -3$ ergibt:

$$-2 \cdot (3 - 2s) + 2 \cdot (6 + 2s) + s = -3$$
$$-6 + 4s + 12 + 4s + s = -3$$
$$6 + 9s = -3 \quad | -6$$
$$9s = -9 \quad | :9$$
$$\mathbf{s = -1}$$

Einsetzen von $s = -1$ in die Geradengleichung ergibt den Ortsvektor des Lotfußpunkts:

$$\vec{x}_s = \begin{pmatrix} 3 \\ 6 \\ 0 \end{pmatrix} + (-1) \cdot \begin{pmatrix} -2 \\ 2 \\ 1 \end{pmatrix} = \begin{pmatrix} 3 \\ 6 \\ 0 \end{pmatrix} + \begin{pmatrix} 2 \\ -2 \\ -1 \end{pmatrix} = \begin{pmatrix} 5 \\ 4 \\ -1 \end{pmatrix}$$

Der Lotfußpunkt hat die Koordinaten $\mathbf{L(5 | 4 | -1)}$.

3. Schritt: Bestimmen der Strecke $\overline{PL}$

Den gesuchten Abstand von $P(7 | 8 | -5)$ zu g kann man nun leicht durch die Länge des Vektors $\overrightarrow{PL}$ berechnen.

Es ist: $\overrightarrow{PL} = \begin{pmatrix} 5 \\ 4 \\ -1 \end{pmatrix} - \begin{pmatrix} 7 \\ 8 \\ -5 \end{pmatrix} = \begin{pmatrix} -2 \\ -4 \\ 4 \end{pmatrix}$

Damit ist: $\overline{PL} = \sqrt{(-2)^2 + (-4)^2 + (4)^2} = \sqrt{36} = 6$

Ergebnis: Der Abstand des Punktes P zur Geraden g beträgt 6 LE.

Abstände und Längen

3 Der Abstand eines Punktes von einer Ebene

Der Abstand eines Punktes P von einer Ebene E ist die kürzeste Entfernung von P zu E. Diese Strecke steht immer senkrecht auf der Ebene (siehe Zeichnung).

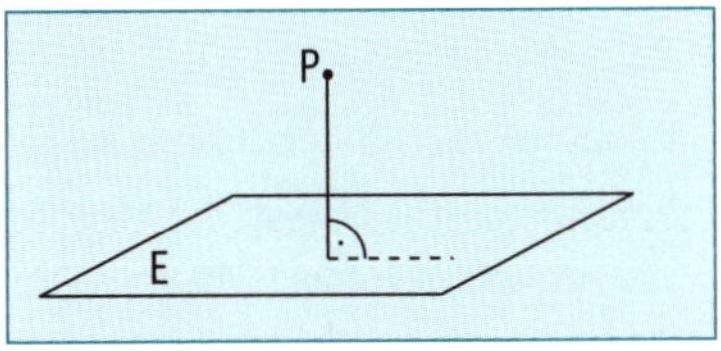

Man kann den Abstand von P zu E mit einer Formel berechnen, der so genannten **Hesse-Normalform (HNF)**. Man erhält die HNF, indem man in der Koordinatengleichung von E:

$$n_1 \cdot x_1 + n_2 \cdot x_2 + n_3 \cdot x_3 = d$$

das „="-Zeichen durch ein „Minus" ersetzt und den resultierenden Term durch den Betrag des Normalenvektors teilt. Da der Abstand immer positiv ist, muss man vom ganzen Term den Betrag nehmen.

Merke: Die Hesse-Normalform (HNF)

(ohne Herleitung)

Die Hesse-Normalform (HNF) einer Ebene E mit der Koordinatengleichung $n_1 \cdot x_1 + n_2 \cdot x_2 + n_3 \cdot x_3 = d$ ist der Term:

$$\left| \frac{n_1 \cdot x_1 + n_2 \cdot x_2 + n_3 \cdot x_3 - d}{\sqrt{(n_1)^2 + (n_2)^2 + (n_3)^2}} \right|$$

Man beachte, dass der Nenner dieses Terms der Betrag des Normalenvektors von E ist.

Den Abstand s eines Punktes $P(p_1 \mid p_2 \mid p_3)$ von einer Ebene bestimmt man, indem man seine Koordinaten einfach in die HNF der Ebene einsetzt.

Es gilt: $s = \left| \frac{n_1 \cdot p_1 + n_2 \cdot p_2 + n_3 \cdot p_3 - d}{\sqrt{(n_1)^2 + (n_2)^2 + (n_3)^2}} \right|$

Beispiel

Bestimmen Sie den Abstand des Punktes $D(1|2|4)$ von der Ebene E:
$2x_1 - 3x_2 + 6x_3 = 13$

1\. Schritt: die HNF der Ebene aufstellen

Zunächst bestimmt man den Betrag des Normalenvektors (→ *Kapitel „Punkte und Vektoren", Abschnitt 2.1*). Es ist:

$$\vec{n} = \begin{pmatrix} 2 \\ -3 \\ 6 \end{pmatrix} \text{ und } |\vec{n}| = \sqrt{(2)^2 + (-3)^2 + (6)^2} = \sqrt{4 + 9 + 36} = \sqrt{49} = 7$$

Damit lautet die HNF der Ebene E: $\left| \frac{2x_1 - 3x_2 + 6x_3 - 13}{7} \right|$

2\. Schritt: Einsetzen der Punktkoordinaten

Durch Einsetzen der Punktkoordinaten von $D(1|2|4)$ in die HNF erhält man den gesuchten Abstand. Es ist:

$$s = \left| \frac{2 \cdot 1 - 3 \cdot 2 + 6 \cdot 4 - 13}{7} \right| = \frac{7}{7} = 1$$

Ergebnis: Der Punkt P hat den Abstand 1 LE von der Ebene E.

4 Der Abstand zweier windschiefer Geraden

Der Abstand zweier windschiefer Geraden g und h ist die kürzeste Strecke zwischen g und h. Diese Strecke steht immer senkrecht auf beiden Geraden. Man berechnet diesen Abstand, indem man eine Hilfsebene E_H einführt, die eine der beiden Geraden enthält – beispielsweise g – und parallel zur anderen Geraden liegt (siehe Zeichnung). Wenn h die Gerade ist, die parallel zu E_H verläuft, dann ist der Abstand zwischen g und h gleich dem Abstand eines beliebigen Punktes von h zur Hilfsebene E_H.

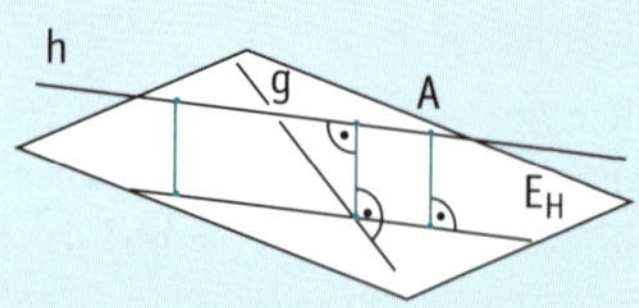

Die Gerade h läuft auf fiktiven Säulen parallel zur Hilfsebene E_H. Die Höhe dieser Säulen ist der gesuchte Abstand zwischen den beiden windschiefen Geraden.

Beispiel

Bestimmen Sie den Abstand der windschiefen Geraden g und h:

$$g:\ \vec{x} = \begin{pmatrix} 3 \\ 4 \\ 8 \end{pmatrix} + r \cdot \begin{pmatrix} 1 \\ 1 \\ 2 \end{pmatrix} \quad \text{und} \quad h:\ \vec{x} = \begin{pmatrix} 1 \\ 6 \\ -2 \end{pmatrix} + s \cdot \begin{pmatrix} 3 \\ -2 \\ 1 \end{pmatrix}$$

1. Schritt: Aufstellen der Hilfsebene

Man wählt die Hilfsebene E_H so, dass sie g enthält und parallel zu h verläuft. E_H wird also von den Richtungsvektoren der beiden Geraden aufgespannt. Außerdem liegt der Punkt $P(3 \mid 4 \mid 8)$ in E_H.
(Dies folgt aus $P \in g$ und $g \in E_H$).

Damit kann man sofort die Parameterform von E_H aufschreiben:

$$\vec{x} = \begin{pmatrix} 3 \\ 4 \\ 8 \end{pmatrix} + r \cdot \begin{pmatrix} 1 \\ 1 \\ 2 \end{pmatrix} + s \cdot \begin{pmatrix} 3 \\ -2 \\ 1 \end{pmatrix}$$

Die entsprechende Koordinatengleichung lautet (ohne Rechnung):

$$\mathbf{E_H:\ x_1 + x_2 - x_3 = -1}$$

2. Schritt: die HNF der Hilfsebene aufstellen

Der Normalenvektor $\vec{n} = \begin{pmatrix} 1 \\ 1 \\ -1 \end{pmatrix}$ der Hilfsebene hat den Betrag:

$$|\vec{n}| = \sqrt{1 + 1 + 1} = \sqrt{3}$$

Damit lautet die HNF von E_H: $\left| \dfrac{x_1 + x_2 - x_3 + 1}{\sqrt{3}} \right|$

3. Schritt: Abstandsberechnung mit der HNF

Der Abstand zwischen beiden Geraden ist gleich dem Abstand s eines beliebigen Punktes der Geraden h zu E_H. Um diesen Abstand zu berechnen, setzt man die Koordinaten eines Punktes von h in die HNF von E_H ein.
Mit $A(1 \mid 6 \mid -2)$ $(A \in h)$ folgt:

$$s = \left| \frac{1 + 6 - (-2) + 1}{\sqrt{3}} \right| = \left| \frac{10}{\sqrt{3}} \right| = \frac{10}{3}\sqrt{3} \approx 5{,}77$$

Ergebnis:

Der Abstand der Geraden g und h beträgt $\frac{10}{3}\sqrt{3} \approx 5{,}77$.

Spiegelungen an Ebenen

1 Das Spiegelbild eines Punktes

Beim Spiegeln an einer Ebene E wird ein Punkt P mithilfe einer zu E senkrechten Geraden, der so genannten Lotgeraden l, auf die gegenüberliegende Seite der Ebene abgebildet (siehe Zeichnung). Der Bildpunkt P′ hat denselben Abstand zur Spiegelebene wie P. Bei der Berechnung der Koordinaten von P′ spielt der Lotfußpunkt L eine wichtige Rolle. Das ist der Punkt, wo die Lotgerade durch P die Spiegelebene schneidet. Kennt man nämlich die Koordinaten von L, kann man die Lage von P′ durch Vektoraddition ermitteln:

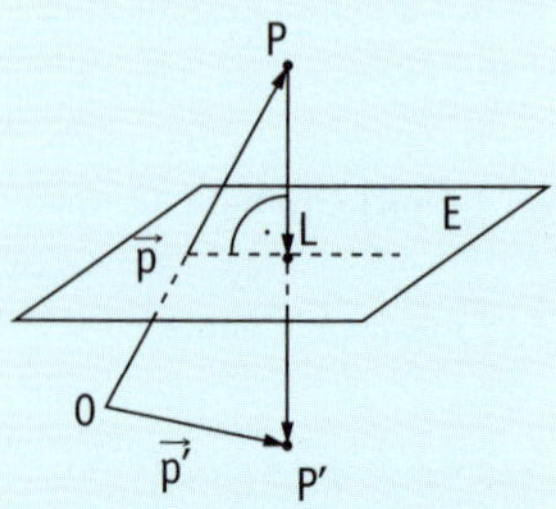

Der Bildpunkt hat denselben Abstand zur Spiegelebene wie P. Mithilfe des Lotfußpunkts L kann die Lage von P′ bestimmt werden.

Zum Bildpunkt P′ gelangt man vom Koordinatenursprung aus nicht nur auf dem direkten Weg, sondern auch auf dem Umweg über P und L.

Es gilt die Vektorgleichung: $\vec{p}' = \vec{p} + \overrightarrow{PL} + \overrightarrow{LP'}$

Und wegen $\overrightarrow{PL} = \overrightarrow{LP'}$: $\vec{p}' = \vec{p} + 2 \cdot \overrightarrow{PL}$

Merke

Wenn der Punkt P an der Ebene E gespiegelt wird, gilt für den Ortsvektor $\vec{p}'$ seines Spiegelbilds P′:

$\vec{p}' = \vec{p} + 2 \cdot \overrightarrow{PL}$

Der Lotfußpunkt L ist der Schnitt zwischen der Lotgeraden l durch P und der Ebene E. Man beachte, dass jede Lotgerade immer senkrecht auf der entsprechenden Ebene steht.

Beispiel

Der Punkt A(5 | – 1 | 7) soll an der Ebene E: $x_1 - x_2 + 4x_3 = 16$ gespiegelt werden. Bestimmen Sie die Lage seines Spiegelbilds A'.

1. Schritt: Aufstellen der Lotgeraden und Berechnung von L

Da die Lotgerade senkrecht auf E steht, ist der Normalenvektor der Ebene gleichzeitig der Richtungsvektor der Lotgeraden.

Mit $\vec{n} = \begin{pmatrix} 1 \\ -1 \\ 4 \end{pmatrix}$ lautet die Gleichung der Lotgeraden l durch A(5 | – 1 | 7):

$$l: \quad \vec{x} = \begin{pmatrix} 5 \\ -1 \\ 7 \end{pmatrix} + t \cdot \begin{pmatrix} 1 \\ -1 \\ 4 \end{pmatrix}$$

Berechnung des Lotfußpunkts als Schnittpunkt zwischen l und E (→ *Kapitel „Schnittprobleme", Abschnitt 1*):
Durch Einsetzen der Koordinaten der Geradenpunkte $x_1 = 5 + t$, $x_2 = -1 - t$ und $x_3 = 7 + 4t$ in die Ebenengleichung $x_1 - x_2 + 4x_3 = 16$ folgt:

$$5 + t - (-1 - t) + 4 \cdot (7 + 4t) = 16$$
$$34 + 18t = 16 \qquad | -34$$
$$18t = -18 \qquad | :18$$
$$t = -1$$

Durch Einsetzen von $t = -1$ in die Geradengleichung folgt für L:

$$\vec{x}_L = \begin{pmatrix} 5 \\ -1 \\ 7 \end{pmatrix} + (-1) \cdot \begin{pmatrix} 1 \\ -1 \\ 4 \end{pmatrix} = \begin{pmatrix} 4 \\ 0 \\ 3 \end{pmatrix} \text{ und } \mathbf{L(4 \mid 0 \mid 3)}$$

2. Schritt: Berechnung des Spiegelbilds durch Vektoraddition

Der Ortsvektor des Spiegelpunkts A' wird mit der Gleichung $\vec{a'} = \vec{a} + 2 \cdot \overrightarrow{AL}$ berechnet.
Der Ortsvektor von A(5 | –1 | 7) ist: $\vec{a} = \begin{pmatrix} 5 \\ -1 \\ 7 \end{pmatrix}$ und $\overrightarrow{AL}$ ist:

$$\overrightarrow{AL} = \begin{pmatrix} 4 \\ 0 \\ 3 \end{pmatrix} - \begin{pmatrix} 5 \\ -1 \\ 7 \end{pmatrix} = \begin{pmatrix} -1 \\ 1 \\ -4 \end{pmatrix}$$

Daraus folgt: $\vec{a'} = \begin{pmatrix} 5 \\ -1 \\ 7 \end{pmatrix} + 2 \cdot \begin{pmatrix} -1 \\ 1 \\ -4 \end{pmatrix} = \begin{pmatrix} 5 \\ -1 \\ 7 \end{pmatrix} + \begin{pmatrix} -2 \\ 2 \\ -8 \end{pmatrix} = \begin{pmatrix} 3 \\ 1 \\ -1 \end{pmatrix}$

Damit ist **A'(3 | 1 | –1)**.

Ergebnis: Der Spiegelpunkt von A hat die Koordinaten A'(3 | 1 | –1).

2 Das Spiegelbild einer Geraden

Man spiegelt eine Gerade g an einer Ebene E, indem man zwei ihrer Punkte an E spiegelt. Da die Gerade g′ durch diese zwei Bildpunkte verläuft, ist sie eindeutig bestimmt (→ *Kapitel „Geraden-/Ebenengleichung", Abschnitt 1*). Ein besonderer Punkt ist dabei der Schnittpunkt S zwischen der Geraden g und der Spiegelebene E. Da er auf der Spiegelebene E liegt, ist er identisch mit seinem Spiegelbild S′. Den zweiten benötigten Bildpunkt erhält man durch Punktspiegelung eines beliebigen Punktes $A \in g$.

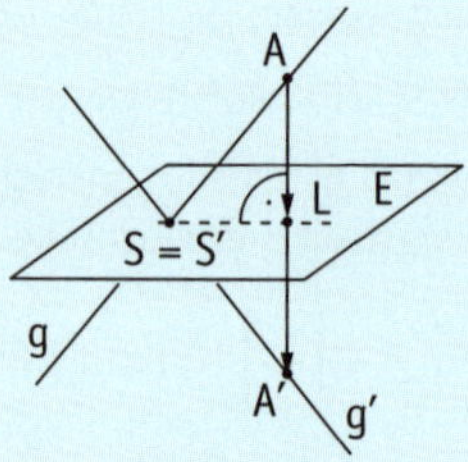

Der Schnittpunkt S zwischen der Geraden g und der Spiegelbene E fällt mit dem Bildpunkt S′ zusammen. Die Gerade g′ geht durch die Punkte S′ und A′.

Merke

Man spiegelt eine Gerade g an einer Ebene E, indem man zwei ihrer Punkte an E spiegelt. Das Spiegelbild von g verläuft dann durch die beiden Bildpunkte.

Ein besonderer Punkt ist der Schnittunkt S zwischen g und E, da er mit seinem Spiegelbild S′ zusammenfällt.

Beispiel

Die Gerade g soll an der Ebene E gespiegelt werden. Wie lautet die Gleichung des Spiegelbilds von g?

$$g:\ \vec{x} = \begin{pmatrix} 2 \\ -1 \\ 0 \end{pmatrix} + t \cdot \begin{pmatrix} 3 \\ -8 \\ 6 \end{pmatrix},\quad E:\ 3x_1 - 4x_2 - 2x_3 = 39$$

1. Schritt: Berechnung des Schnittpunkts S zwischen g und E
(→ *Kapitel „Schnittprobleme", Abschnitt 1*)

Durch Einsetzen der Geradenpunkte $\mathbf{x_1 = 2 + 3t}$, $\mathbf{x_2 = -1 - 8t}$ und $\mathbf{x_3 = 6t}$ in die Ebenengleichung $3x_1 - 4x_2 - 2x_3 = 39$ erhält man t:

$$3 \cdot (2 + 3t) - 4 \cdot (-1 - 8t) - 2 \cdot 6t = 39$$
$$6 + 9t + 4 + 32t - 12t = 39$$
$$10 + 29t = 39 \quad | -10$$
$$29t = 29 \quad | : 29$$
$$\mathbf{t = 1}$$

Durch Einsetzen von $t = 1$ in die Geradengleichung erhält man S:

$$\vec{s} = \begin{pmatrix} 2 \\ -1 \\ 0 \end{pmatrix} + 1 \cdot \begin{pmatrix} 3 \\ -8 \\ 6 \end{pmatrix} = \begin{pmatrix} 5 \\ -9 \\ 6 \end{pmatrix}.$$ Damit ist **S(5 | −9 | 6)**.

2. Schritt: Spiegeln eines beliebigen Geradenpunkts

Ein Geradenpunkt ist A(2 | −1 | 0). Um ihn an der Ebene E: $3x_1 - 4x_2 - 2x_3 = 39$ zu spiegeln, benötigt man die Gleichung der Lotgeraden l durch A. Ihr Richtungsvektor ist der Normalenvektor von E.

Mit: $\vec{n} = \begin{pmatrix} 3 \\ -4 \\ -2 \end{pmatrix}$ folgt: l: $\vec{x} = \begin{pmatrix} 2 \\ -1 \\ 0 \end{pmatrix} + r \cdot \begin{pmatrix} 3 \\ -4 \\ -2 \end{pmatrix}$

Den **Lotfußpunkt L** erhält man als Schnitt zwischen l und E:

Durch Einsetzen der Koordinaten der Lotgeraden $x_1 = 2 + 3r$, $x_2 = -1 - 4r$ und $x_3 = -2r$ in E: $3x_1 - 4x_2 - 2x_3 = 39$ folgt:

$$3 \cdot (2 + 3r) - 4 \cdot (-1 - 4r) - 2 \cdot (-2r) = 39$$
$$6 + 9r + 4 + 16r + 4r = 39$$
$$10 + 29r = 39 \quad | -10$$
$$29r = 29 \quad | : 14$$
$$\mathbf{r = 1}$$

Einsetzen von $r = 1$ in die Gleichung der Lotgeraden ergibt den Ortsvektor von L:

$$\vec{x}_L = \begin{pmatrix} 2 \\ -1 \\ 0 \end{pmatrix} + 1 \cdot \begin{pmatrix} 3 \\ -4 \\ -2 \end{pmatrix} = \begin{pmatrix} 5 \\ -5 \\ -2 \end{pmatrix}.$$ Damit ist **L(5 | −5 | −2)**.

Durch **Vektoraddition** erhält man das Bild von A(2 | −1 | 0):

Es gilt: $\vec{a'} = \vec{a} + 2 \cdot \overrightarrow{AL}$

Der Ortsvektor von A(2 | −1 | 0) ist $\vec{a} = \begin{pmatrix} 2 \\ -1 \\ 0 \end{pmatrix}$ und $\overrightarrow{AL}$ ist:

$$\overrightarrow{AL} = \begin{pmatrix} 5 \\ -5 \\ -2 \end{pmatrix} - \begin{pmatrix} 2 \\ -1 \\ 0 \end{pmatrix} = \begin{pmatrix} 3 \\ -4 \\ -2 \end{pmatrix}.$$ Damit folgt:

$$\vec{a'} = \begin{pmatrix} 2 \\ -1 \\ 0 \end{pmatrix} + 2 \cdot \begin{pmatrix} 3 \\ -4 \\ -2 \end{pmatrix} = \begin{pmatrix} 2 \\ -1 \\ 0 \end{pmatrix} + \begin{pmatrix} 6 \\ -8 \\ -4 \end{pmatrix} = \begin{pmatrix} 8 \\ -9 \\ -4 \end{pmatrix}$$ und **A′ (8 | −9 | −4)**

3. Schritt: Aufstellen der Geradengleichung für g′

Die Gerade g′ geht durch die in den Schritten 1 und 2 berechneten Punkte S′(5 | −9 | 6) und A′(8 | −9 | −4). Ihre Gleichung lautet also (→ *Kapitel „Geraden-/Ebenengleichung", Abschnitt 1*) g′: $\vec{x} = \vec{s'} + k \cdot \overrightarrow{S'A'}$

Mit $\vec{s'} = \begin{pmatrix} 5 \\ -9 \\ 6 \end{pmatrix}$ und $\overrightarrow{S'A'} = \begin{pmatrix} 8 \\ -9 \\ -4 \end{pmatrix} - \begin{pmatrix} 5 \\ -9 \\ 6 \end{pmatrix} = \begin{pmatrix} 3 \\ 0 \\ -10 \end{pmatrix}$ folgt:

$$g': \vec{x} = \begin{pmatrix} 5 \\ -9 \\ 6 \end{pmatrix} + k \cdot \begin{pmatrix} 3 \\ 0 \\ -10 \end{pmatrix}$$

Ergebnis:

Das Spiegelbild der Geraden g ist die Gerade

$$g': \vec{x} = \begin{pmatrix} 5 \\ -9 \\ 6 \end{pmatrix} + k \cdot \begin{pmatrix} 3 \\ 0 \\ -10 \end{pmatrix}$$

3 Das Spiegelbild einer Ebene

Spiegelt man eine Ebene E an einer anderen Ebene F, verändert die Schnittgerade g zwischen E und F ihre Lage nicht. Sie fällt mit ihrem Spiegelbild zusammen: g = g′ (siehe Zeichnung). Das bedeutet, dass auch das Spiegelbild E′ die Schnittgerade enthält. Damit die Bildebene E′ eindeutig bestimmt ist, benötigt man nur noch einen Punkt P′ von ihr, der allerdings nicht auf g′ liegen darf: $P' \notin g'$.

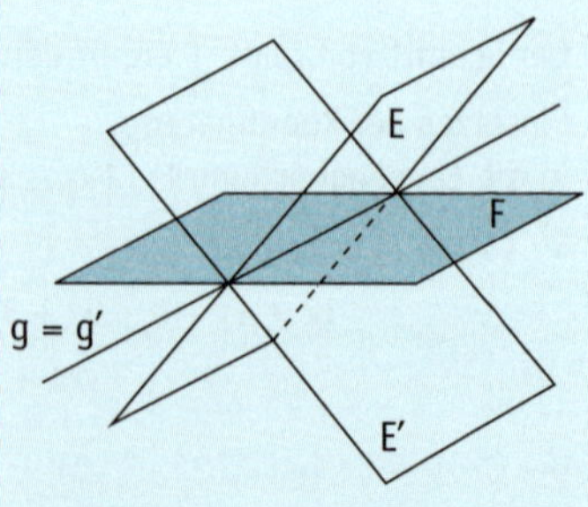

Die Schnittgerade g zwischen E und F fällt mit ihrem Spiegelbild g′ zusammen und liegt daher auch im Spiegelbild E′.

Beispiel

Die Ebene E: $4x_1 - 2x_2 + x_3 = 31$ soll an der Ebene F gespiegelt werden mit F: $2x_1 - 3x_2 + x_3 = 7$. Bestimmen Sie eine Gleichung des Spiegelbilds von E.

1. Schritt: Berechnung der Schnittgeraden zwischen E und F

Die Gleichung der Schnittgeraden zwischen E und F lautet:

$$g:\quad \vec{x} = \begin{pmatrix} 12 \\ 0 \\ -17 \end{pmatrix} + k \cdot \begin{pmatrix} -0{,}5 \\ 1 \\ 4 \end{pmatrix}$$

(zur Rechnung → *Kapitel „Schnittprobleme" Abschnitt 2, Beispiel 1: Die Ebenen schneiden sich in einer Geraden*)

2. Schritt: Spiegeln eines beliebigen Punktes P von E mit $P \notin g$

Einen Punkt der Ebene E erhält man, indem man beliebige Koordinaten wählt, die die Koordinatengleichung von E erfüllen. Beispielsweise ist $P(6\,|\,-2\,|\,3)$ ein Punkt von E, mit $P \notin g$. P liegt nicht auf g, da die Gleichung

$$\begin{pmatrix} 6 \\ -2 \\ 3 \end{pmatrix} = \begin{pmatrix} 12 \\ 0 \\ -17 \end{pmatrix} + k \cdot \begin{pmatrix} -0{,}5 \\ 1 \\ 4 \end{pmatrix}$$ für kein $k \in \mathbb{R}$ erfüllt werden kann.

Das Spiegelbild von $P(6\,|\,-2\,|\,3)$ berechnet man wie in → *Abschnitt 1*: Die zur Ebene F senkrechte Lotgerade durch P hat als Richtungsvektor

$\vec{n} = \begin{pmatrix} 2 \\ -3 \\ 1 \end{pmatrix}$. Ihre Gleichung lautet also $l:\quad \vec{x} = \begin{pmatrix} 6 \\ -2 \\ 3 \end{pmatrix} + t \cdot \begin{pmatrix} 2 \\ -3 \\ 1 \end{pmatrix}$

Die Koordinaten von l sind: $\mathbf{x_1 = 6 + 2t,\ x_2 = -2 - 3t}$ und $\mathbf{x_3 = 3 + t}$

Der Schnitt von l mit F ergibt den Lotfußpunkt L:

Einsetzen der Koordinaten $\mathbf{x_1 = 6 + 2t,\ x_2 = -2 - 3t}$ und $\mathbf{x_3 = 3 + t}$ in die Ebenengleichung F: $2x_1 - 3x_2 + x_3 = 7$ ergibt:

$$2 \cdot (6 + 2t) - 3 \cdot (-2 - 3t) + (3 + t) = 7$$

$$12 + 4t + 6 + 9t + 3 + t = 7$$

$$21 + 14t = 7 \qquad |\ -21$$

$$14t = -14 \qquad |\ :14$$

$$\mathbf{t = -1}$$

Spiegelungen an Ebenen

Durch Einsetzen von $t = -1$ in die Lotgeradengleichung folgt für L:

$$\overrightarrow{x_L} = \begin{pmatrix} 6 \\ -2 \\ 3 \end{pmatrix} + (-1) \cdot \begin{pmatrix} 2 \\ -3 \\ 1 \end{pmatrix} = \begin{pmatrix} 6 \\ -2 \\ 3 \end{pmatrix} + \begin{pmatrix} -2 \\ 3 \\ -1 \end{pmatrix} = \begin{pmatrix} 4 \\ 1 \\ 2 \end{pmatrix} \text{ und } \mathbf{L(4 \mid 1 \mid 2)}$$

Berechnung von P′ durch Vektoraddition:

Es gilt: $\vec{p'} = \vec{p} + 2 \cdot \overrightarrow{PL}$

Der Ortsvektor von $P(6 \mid -2 \mid 3)$ ist $\vec{p} = \begin{pmatrix} 6 \\ -2 \\ 3 \end{pmatrix}$, der Vektor $\overrightarrow{PL}$ ist:

$$\overrightarrow{PL} = \begin{pmatrix} 4 \\ 1 \\ 2 \end{pmatrix} - \begin{pmatrix} 6 \\ -2 \\ 3 \end{pmatrix} = \begin{pmatrix} -2 \\ 3 \\ -1 \end{pmatrix}$$

Damit folgt: $\vec{p'} = \begin{pmatrix} 6 \\ -2 \\ 3 \end{pmatrix} + 2 \cdot \begin{pmatrix} -2 \\ 3 \\ -1 \end{pmatrix} = \begin{pmatrix} 6 \\ -2 \\ 3 \end{pmatrix} + \begin{pmatrix} -4 \\ 6 \\ -2 \end{pmatrix} = \begin{pmatrix} 2 \\ 4 \\ 1 \end{pmatrix}$ und $\mathbf{P'(2 \mid 4 \mid 1)}$

3. Schritt: Aufstellen der Ebenengleichung von E′

Mit g′: $\vec{x} = \begin{pmatrix} 12 \\ 0 \\ -17 \end{pmatrix} + k \cdot \begin{pmatrix} -0{,}5 \\ 1 \\ 4 \end{pmatrix}$ und $P'(2 \mid 4 \mid 1)$

folgt für die Parameterform von E′ (zur Rechnung → *Kapitel „Geraden-/ Ebenengleichung, Abschnitt 1.2, Beispiel 3*):

$$E'\colon\ \vec{x} = \begin{pmatrix} 2 \\ 4 \\ 1 \end{pmatrix} + s \cdot \begin{pmatrix} -0{,}5 \\ 1 \\ 4 \end{pmatrix} + t \cdot \begin{pmatrix} -10 \\ 4 \\ 18 \end{pmatrix}$$

Die entsprechende Koordinatengleichung von E′ lautet (ohne Rechnung):
E′: $x_1 - 15{,}5x_2 + 4x_3 = -56$

Ergebnis:

Das Spiegelbild der Ebene E hat die Koordinatengleichung
E′: $x_1 - 15{,}5x_2 + 4x_3 = -56$.

Winkelberechnungen

1 Der Winkel zwischen zwei Geraden

Merke

Der Winkel α zwischen zwei Geraden g und h ist gleich dem Winkel zwischen ihren Richtungsvektoren $\vec{v_g}$ und $\vec{v_h}$. Es gilt (→ *Kapitel „Punkte und Vektoren", Abschnitt 2.6*):

$$\cos\alpha = \frac{\vec{v_g} \cdot \vec{v_h}}{|\vec{v_g}| \cdot |\vec{v_h}|} \quad \text{und} \quad \alpha = \cos^{-1} \frac{\vec{v_g} \cdot \vec{v_h}}{|\vec{v_g}| \cdot |\vec{v_h}|}$$

Man beachte, dass es immer zwei Schnittwinkel gibt: einen stumpfen und einen spitzen. Die Summe aus stumpfem und spitzem Schnittwinkel ist immer 180°:

$\alpha_{st} + \alpha_{sp} = 180°$

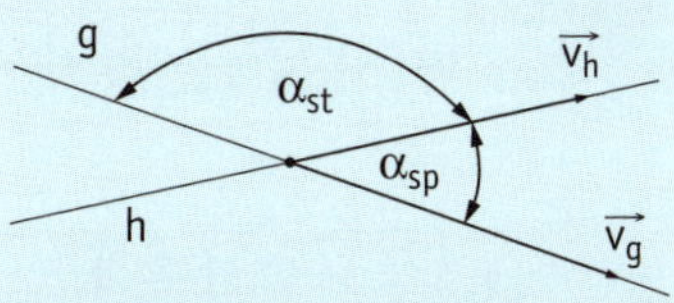

Der Winkel zwischen zwei Geraden ist gleich dem Winkel zwischen ihren Richtungsvektoren.

Beispiel

Berechnen Sie den spitzen Winkel zwischen den Geraden g und h:

$$g: \ \vec{x} = \begin{pmatrix} 2 \\ 5 \\ -3 \end{pmatrix} + r \cdot \begin{pmatrix} 1 \\ -1 \\ 2 \end{pmatrix} \quad \text{und} \quad h: \ \vec{x} = \begin{pmatrix} 4 \\ 3 \\ 1 \end{pmatrix} + s \cdot \begin{pmatrix} 0 \\ -3 \\ 1 \end{pmatrix}$$

Winkelberechnung zwischen den Richtungsvektoren: Der gesuchte Winkel ist der Winkel zwischen den Richtungsvektoren beider Geraden:

$$\vec{v_g} = \begin{pmatrix} 1 \\ -1 \\ 2 \end{pmatrix} \quad \text{und} \quad \vec{v_h} = \begin{pmatrix} 0 \\ -3 \\ 1 \end{pmatrix}$$

Zur Berechnung von $\cos\alpha = \frac{\vec{v_g} \cdot \vec{v_h}}{|\vec{v_g}| \cdot |\vec{v_h}|}$ benötigt man das Skalarprodukt $\vec{v_g} \cdot \vec{v_h}$ und die Beträge $|\vec{v_g}| \cdot |\vec{v_h}|$. Es sind:

1) $\vec{v_g} \cdot \vec{v_h} = \begin{pmatrix} 1 \\ -1 \\ 2 \end{pmatrix} \cdot \begin{pmatrix} 0 \\ -3 \\ 1 \end{pmatrix} = 3 + 2 = 5$

2) $|\vec{v_g}| = \sqrt{(1)^2 + (-1)^2 + (2)^2} = \sqrt{6}$

3) $|\vec{v_h}| = \sqrt{(0)^2 + (-3)^2 + (1)^2} = \sqrt{10}$

Damit folgt durch Einsetzen in $\cos\alpha = \frac{\vec{v}_g \cdot \vec{v}_h}{|\vec{v}_g| \cdot |\vec{v}_h|}$:

$\cos\alpha = \frac{5}{\sqrt{6} \cdot \sqrt{10}} = \frac{5}{\sqrt{60}} \approx 0{,}645$

Damit ist $\alpha = \cos^{-1}\left(\frac{5}{\sqrt{60}}\right) = 49{,}8°$. Dies ist der spitze Winkel.

Ergebnis: Der spitze Winkel zwischen den Geraden g und h ist $\alpha = 49{,}8°$.

2 Der Winkel zwischen zwei Ebenen

Merke

Der Winkel, um den zwei Ebenen gegeneinander geneigt sind, ist gleich dem Winkel zwischen ihren Normalenvektoren.

Weshalb das so ist, erkennt man an der Seitenansicht zweier gegeneinander geneigten Ebenen (siehe Zeichnung). α sei der Neigungs- bzw. Schnittwinkel zwischen den beiden Ebenen E_1 und E_2. β sei der Winkel zwischen den Normalenvektoren $\vec{n_1}$ und $\vec{n_2}$. Durch Addition der drei Teilwinkel des markierten Halbkreises (180°) folgt dann:

$90° + \beta + (90° - \alpha) = 180°$

Durch Umformen folgt:

$$\begin{aligned} 180° + \beta - \alpha &= 180° \quad &|\; -180° \\ \beta - \alpha &= 0 \quad &|\; +\alpha \\ \beta &= \alpha \end{aligned}$$

Der Winkel zwischen zwei Ebenen:

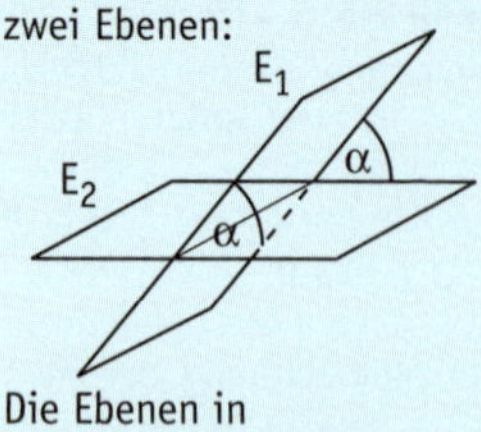

Die Ebenen in der Seitenansicht:

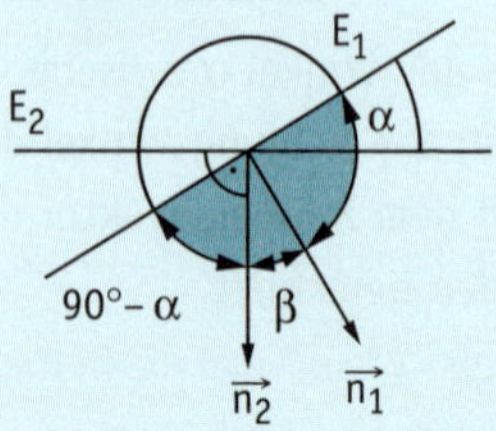

Anmerkung: Wie beim Geradenschnitt gibt es auch beim Schnitt zweier Ebenen einen stumpfen und einen spitzen Schnittwinkel.

Beispiel

Bestimmen Sie den Winkel zwischen den beiden Ebenen:

E: $2x_1 + x_2 + 2x_3 = 6$ und F: $3x_1 - 5x_2 + x_3 = -8$

1. Schritt: Aufstellen der Normalenvektoren

Die Normalenvektoren können direkt an den Koordinatengleichungen abgelesen werden:

$$\vec{n_E} = \begin{pmatrix} 2 \\ 1 \\ 2 \end{pmatrix} \text{ und } \vec{n_F} = \begin{pmatrix} 3 \\ -5 \\ 1 \end{pmatrix}$$

2. Schritt: Berechnen des Winkels zwischen den Normalenvektoren

Das Skalarprodukt $\vec{n}_E \cdot \vec{n}_F$ und die Beträge $|\vec{n}_E|$ und $|\vec{n}_F|$ sind:

1) $\vec{n_E} \cdot \vec{n_F} = \begin{pmatrix} 2 \\ 1 \\ 2 \end{pmatrix} \cdot \begin{pmatrix} 3 \\ -5 \\ 1 \end{pmatrix} = 6 - 5 + 2 = 3$

2) $|\vec{n_E}| = \sqrt{(2)^2 + (1)^2 + (2)^2} = \sqrt{9} = 3$

3) $|\vec{n_F}| = \sqrt{(3)^2 + (-5)^2 + (1)^2} = \sqrt{35}$

Durch Einsetzen in $\cos\alpha = \dfrac{\vec{n_E} \cdot \vec{n_F}}{|\vec{n_E}| \cdot |\vec{n_F}|}$ folgt:

$$\cos\alpha = \frac{3}{3 \cdot \sqrt{35}} = \frac{1}{\sqrt{35}} \approx 0{,}169$$

Damit ist $\alpha = \cos^{-1}\left(\dfrac{1}{\sqrt{35}}\right) = 80{,}3°$. Dies ist der spitze Winkel.

Ergebnis: Der spitze Winkel zwischen den Ebenen E und F ist $\alpha = 80{,}3°$.

3 Der Winkel zwischen einer Geraden und einer Ebene

Als den Winkel α zwischen einer Geraden und einer Ebene bezeichnet man den Neigungswinkel der Geraden gegen die Ebenenfläche. Er wird mit dem Normalenvektor der Ebene und dem Richtungsvektor der Geraden berechnet.

Merke

Wenn β der **spitze** Winkel zwischen dem Normalenvektor $\vec{n}$ der Ebene und dem Richtungsvektor $\vec{v}$ der Geraden ist, dann folgt für den Neigungswinkel α der Geraden gegen die Ebene: $\alpha = 90° - \beta$.

Nebenstehende Zeichnung veranschaulicht dies. Da der Normalenvektor $\vec{n}$ senkrecht auf E steht, ist die Summe der Winkel β und α gleich 90°.
Daraus folgt: $\alpha = 90° - \beta$

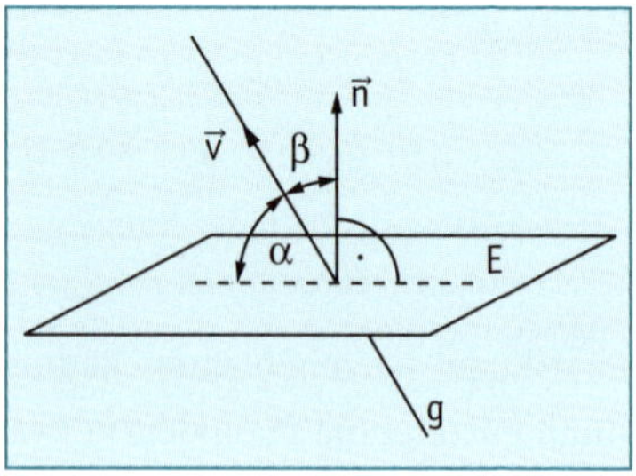

Beispiel

Unter welchem Winkel schneidet die Gerade g die Ebene E?

$$g:\ \vec{x} = \begin{pmatrix} 0 \\ 2 \\ -3 \end{pmatrix} + t \cdot \begin{pmatrix} 1 \\ -2 \\ 0 \end{pmatrix},\quad E:\ 3x_1 - 4x_3 = 4$$

1. Schritt: Aufstellen des Richtungsvektors von g und des Normalenvektors von E

Der Richtungsvektor der Geraden g ist: $\vec{v} = \begin{pmatrix} 1 \\ -2 \\ 0 \end{pmatrix}$

Der Normalenvektor der Ebene E ist: $\vec{n} = \begin{pmatrix} 3 \\ 0 \\ -4 \end{pmatrix}$

2. Schritt: Winkelberechnung zwischen $\vec{n}$ und $\vec{v}$

Das Skalarprodukt $\vec{n} \cdot \vec{v}$ und die Beträge $|\vec{n}|$ und $|\vec{v}|$ sind:

1) $\vec{n} \cdot \vec{v} = \begin{pmatrix} 3 \\ 0 \\ -4 \end{pmatrix} \cdot \begin{pmatrix} 1 \\ -2 \\ 0 \end{pmatrix} = 3$

2) $|\vec{n}| = \sqrt{(3)^2 + (0)^2 + (-4)^2} = \sqrt{25} = 5$

3) $|\vec{v}| = \sqrt{(1)^2 + (-2)^2 + (0)^2} = \sqrt{5}$

Durch Einsetzen in $\cos\beta = \dfrac{\vec{n} \cdot \vec{v}}{|\vec{n}| \cdot |\vec{v}|}$ folgt: $\cos\beta = \dfrac{3}{5 \cdot \sqrt{5}} \approx 0{,}268$

und $\beta = \cos^{-1}\left(\dfrac{3}{5 \cdot \sqrt{5}}\right) = 74{,}4°$.

Das ist der spitze Winkel zwischen $\vec{n}$ und $\vec{v}$. Damit folgt für den gesuchten Winkel α zwischen g und E: $\alpha = 90° - 74{,}4° = 15{,}6°$

Ergebnis: Der Winkel zwischen g und E ist $\alpha = 15{,}6°$.

Rechnereien rund um die Kugel

1 Die Kugelgleichung

Eine Kugel ist durch ihren Radius r und ihren Mittelpunkt M eindeutig bestimmt. Der Radius r ist der Abstand zwischen den Punkten der Kugeloberfläche und dem Mittelpunkt M. Für jeden Punkt P der Kugeloberfläche gilt daher: $r = |\overrightarrow{MP}|$. Mit den Koordinaten von $P(p_1 | p_2 | p_3)$ und $M(m_1 | m_2 | m_3)$ folgt für r (→ *Kapitel „Abstände und Längen", Abschnitt 1*):

$$r = \sqrt{(p_1 - m_1)^2 + (p_2 - m_2)^2 + (p_3 - m_3)^2}$$

bzw.:

$$r^2 = (p_1 - m_1)^2 + (p_2 - m_2)^2 + (p_3 - m_3)^2$$

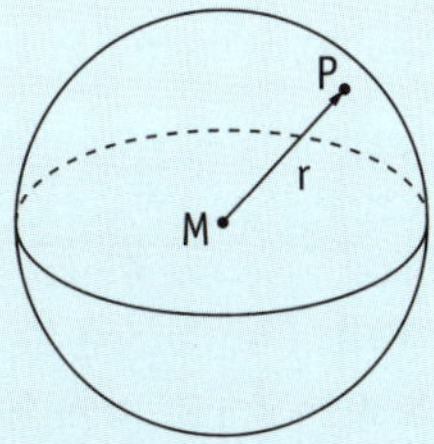

Der Kugelradius r ist der Abstand zwischen dem Mittelpunkt M und den Punkten der Oberfläche.

Merke

$M(m_1 | m_2 | m_3)$ sei der Mittelpunkt und r der Radius einer Kugel.

Ein beliebiger Punkt $X(x_1 | x_2 | x_3)$ liegt dann auf der Kugeloberfläche, wenn seine Koordinaten die Gleichung

$r^2 = (x_1 - m_1)^2 + (x_2 - m_2)^2 + (x_3 - m_3)^2$ erfüllen.

Diese Gleichung nennt man **Kugelgleichung**.

Beispiel

Wie lautet die Gleichung der Kugel mit dem Radius $r = 5$, deren Mittelpunkt die Koordinaten $M(2 | -1 | 4)$ hat?

Lösung:

Mit der Definition der Kugelgleichung folgt sofort:

$25 = (x_1 - 2)^2 + (x_2 + 1)^2 + (x_3 - 4)^2$

2 Der Schnitt einer Geraden mit einer Kugel

Eine Gerade g kann auf verschiedene Arten relativ zu einer Kugel K verlaufen:

1. **Fall:** Die Gerade geht an der Kugel vorbei und hat mit der Kugel keinen Punkt gemeinsam.
2. **Fall:** Die Gerade geht durch die Kugel hindurch. Es gibt zwei Schnittpunkte.
3. **Fall:** Die Gerade berührt die Kugel in einem Punkt, dem Berührpunkt B.

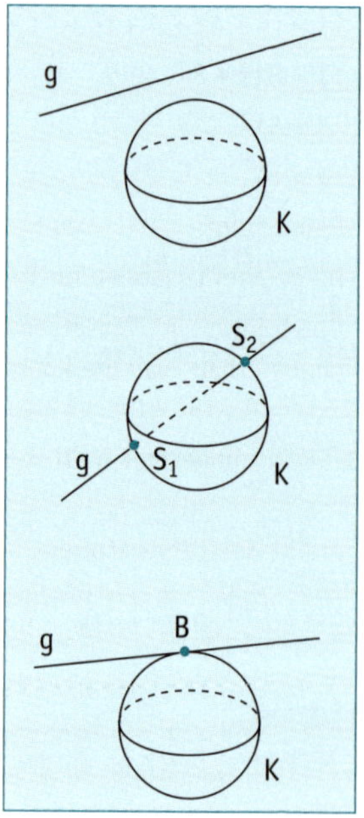

Wie man die Koordinaten der gemeinsamen Punkte berechnet, zeigt folgendes Beispiel. Wichtig ist dabei, dass die gemeinsamen Punkte zwischen einer Geraden und einer Kugel sowohl die Gleichung der Geraden als auch der Kugel erfüllen müssen.

Beispiel

Bestimmen Sie die Schnittpunkte zwischen der Geraden g und der Kugel K. Es ist: K: $11 = (x_1 - 3)^2 + (x_2 - 6)^2 + (x_3 - 1)^2$ und

$$g: \vec{x} = \begin{pmatrix} 1 \\ 4 \\ 1 \end{pmatrix} + t \cdot \begin{pmatrix} 1 \\ -1 \\ 1 \end{pmatrix}$$

1. Schritt: Einsetzen der Geradenpunkte in die Kugelgleichung

Die Geradenpunkte haben die Koordinaten $x_1 = 1 + t$, $x_2 = 4 - t$ und $x_3 = 1 + t$. Indem man diese Koordinaten in die Kugelgleichung einsetzt, erhält man folgende Gleichung:

$11 = (1 + t - 3)^2 + (4 - t - 6)^2 + (1 + t - 1)^2$

2. Schritt: Berechnung der Variablen und der Schnittpunkte

Durch Auflösen erhält man diejenigen t-Werte, bei denen die Geradenpunkte auch die Kugelgleichung erfüllen. Es folgt:

$$11 = (t - 2)^2 + (-t - 2)^2 + (t)^2$$

$$11 = t^2 - 4t + 4 + t^2 + 4t + 4 + t^2$$

$$11 = 3t^2 + 8 \qquad | -8$$

$$3 = 3t^2 \qquad | :3$$

$$1 = t^2$$

Damit folgt: $\mathbf{t_1 = 1}$ und $\mathbf{t_2 = -1}$

Da es zwei Lösungen für t gibt, gibt es auch zwei Schnittpunkte.

Durch jeweiliges Einsetzen der berechneten Werte in die Geradengleichung erhält man die Koordinaten der Schnittpunkte.

$\mathbf{t_1 = 1}$ eingesetzt in g: $\vec{x} = \begin{pmatrix} 1 \\ 4 \\ 1 \end{pmatrix} + t \cdot \begin{pmatrix} 1 \\ -1 \\ 1 \end{pmatrix}$

ergibt den Ortsvektor des ersten Schnittpunkts:

$\vec{s_1} = \begin{pmatrix} 1 \\ 4 \\ 1 \end{pmatrix} + 1 \cdot \begin{pmatrix} 1 \\ -1 \\ 1 \end{pmatrix} = \begin{pmatrix} 2 \\ 3 \\ 2 \end{pmatrix}$ und $\mathbf{S_1(2 | 3 | 2)}$

$\mathbf{t_2 = -1}$ eingesetzt in g: $\vec{x} = \begin{pmatrix} 1 \\ 4 \\ 1 \end{pmatrix} + t \cdot \begin{pmatrix} 1 \\ -1 \\ 1 \end{pmatrix}$

ergibt den Ortsvektor des zweiten Schnittpunkts:

$\vec{s_2} = \begin{pmatrix} 1 \\ 4 \\ 1 \end{pmatrix} + (-1) \cdot \begin{pmatrix} 1 \\ -1 \\ 1 \end{pmatrix} = \begin{pmatrix} 0 \\ 5 \\ 0 \end{pmatrix}$ und $\mathbf{S_2(0 | 5 | 0)}$

Ergebnis:

Die Gerade g schneidet die Kugel K in den Punkten $S_1(2 | 3 | 2)$ und $S_2(0 | 5 | 0)$.

3 Der Schnitt zwischen einer Ebene und einer Kugel

Wenn sich eine Ebene und eine Kugel schneiden, ist die Schnittfläche ein Kreis. Eine Ebene kann eine Kugel aber auch nur berühren. Dann gibt es nur einen gemeinsamen Punkt: den Berührpunkt. Der Schnittkreis ist dann gewissermaßen zu einem Punkt geschrumpft. Und natürlich kann eine Ebene auch an einer Kugel vorbeilaufen. Dann gibt es keinen gemeinsamen Punkt.

1. **Fall:** Die Ebene geht an der Kugel vorbei und hat mit der Kugel keinen Punkt gemeinsam.
2. **Fall:** Die Ebene schneidet die Kugel in einem Kreis.
3. **Fall:** Die Ebene berührt die Kugel. Der einzige gemeinsame Punkt ist der Berührpunkt.

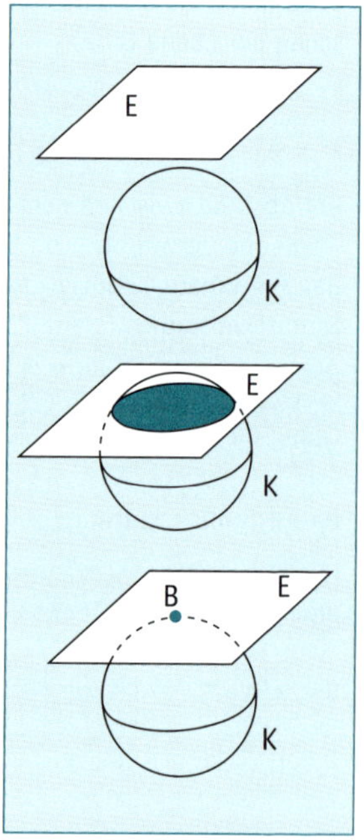

Welcher Fall vorliegt, erkennt man anhand des Abstands der Ebene E zum Kugelmittelpunkt M.

Merke

Ist der Abstand zwischen einer Ebene E und dem Kugelmittelpunkt M einer Kugel K

- **kleiner** als der Kugelradius r, schneidet die Ebene E die Kugel K in einem Kreis.
- **gleich** dem Kugelradius r, gibt es einen gemeinsamen Punkt, den Berührpunkt.
- **größer** als der Kugelradius r, gibt es keine gemeinsamen Punkte zwischen E und K.

Beispiel

Beispiel 1: E und K schneiden sich

Bestimmen Sie den Mittelpunkt und den Radius des Schnittkreises zwischen der Ebene E: $2x_1 - x_2 + 3x_3 = 35$ und der Kugel

K: $81 = (x_1 - 1)^2 + (x_2 + 2)^2 + (x_3 - 1)^2$

1. Schritt: den Abstand zwischen E und K bestimmen

Am Abstand zwischen dem Kugelmittelpunkt und der Ebene erkennt man – wie oben erwähnt –, ob E und K überhaupt gemeinsame Punkte haben. Darüber hinaus benötigt man diesen Abstand bei der Berechnung des Schnittkreisradius (siehe 2. Schritt).

Der Abstand zwischen $M(1|-2|1)$ und E: $2x_1 - x_2 + 3x_3 = 35$ wird mithilfe der HNF der Ebene E berechnet (→ *Kapitel „Abstände und Längen"*).

Die HNF von E lautet: $\left|\frac{2x_1 - x_2 + 3x_3 - 35}{\sqrt{14}}\right|$

Durch Einsetzen der Koordinaten von $M(1|-2|1)$ folgt für den Abstand d_{M-E} von M zu E:

$$d_{M-E} = \left|\frac{2\cdot 1 - (-2) + 3\cdot 1 - 35}{\sqrt{14}}\right| = \left|\frac{-28}{\sqrt{14}}\right| = 2\cdot\sqrt{14} \approx 7{,}48$$

Da d_{M-E} kleiner als der Kugelradius $r = 9$ ist, schneiden sich E und K.

2. Schritt: Berechnung des Schnittkreisradius

Wie die Zeichnung zeigt, kann der Schnittkreisradius mit dem Satz des Pythagoras berechnet werden:

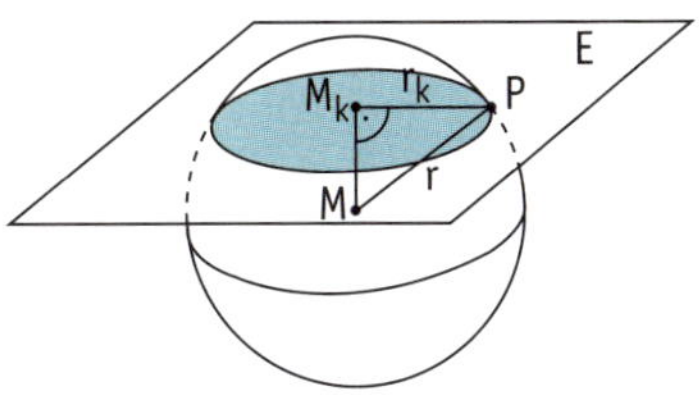

Im Dreieck MPM_k gilt der Satz des Pythagoras:

$r^2 = r_k^2 + |MM_k|^2$

Daraus folgt: $r_k = \sqrt{r^2 - |MM_k|^2}$

$|MM_k|$ ist der im 1. Schritt berechnete Abstand zwischen M und E:

$|MM_k| = 2\cdot\sqrt{14}$

Durch Einsetzen von $r = 9$ und $|MM_k| = 2\cdot\sqrt{14}$ in $r_k = \sqrt{r^2 - |MM_k|^2}$ folgt: $\mathbf{r_k} = \sqrt{81 - 56} = \sqrt{25} = \mathbf{5}$

3. Schritt: Berechnung des Schnittkreismittelpunkts M_k

Die Koordinaten des Schnittkreismittelpunkts M_k erhält man, indem man durch den Kugelmittelpunkt M eine Lotgerade zur Ebene E legt und mit E schneidet. Dort, wo die Lotgerade l die Ebene schneidet, ist der Kreismittelpunkt M_k (siehe Zeichnung).

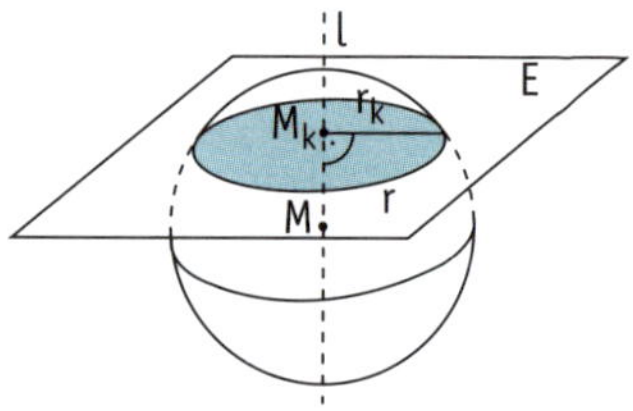

Der Richtungsvektor der Lotgeraden ist der Normalenvektor von E.

Mit $\vec{n} = \begin{pmatrix} 2 \\ -1 \\ 3 \end{pmatrix}$ und $M(1 \mid -2 \mid 1)$ hat die Lotgerade die Gleichung:

$$l: \ \vec{x} = \begin{pmatrix} 1 \\ -2 \\ 1 \end{pmatrix} + t \cdot \begin{pmatrix} 2 \\ -1 \\ 3 \end{pmatrix}$$

Schnitt von l mit E (→ *Kapitel „Schnittprobleme", Abschnitt 1*):

Die Punkte der Lotgeraden haben die Koordinaten
$\mathbf{x_1 = 1 + 2t}$, $\mathbf{x_2 = -2 - t}$ und $\mathbf{x_3 = 1 + 3t}$, mit $t \in \mathbb{R}$.

Durch Einsetzen in die Ebenengleichung E: $2x_1 - x_2 + 3x_3 = 35$ folgt:

$$2 \cdot (\mathbf{1 + 2t}) - (\mathbf{-2 - t}) + 3 \cdot (\mathbf{1 + 3t}) = 35$$
$$2 + 4t + 2 + t + 3 + 9t = 35$$
$$7 + 14t = 35 \quad \mid -7$$
$$14t = 28 \quad \mid :14$$
$$\mathbf{t = 2}$$

Einsetzen von $t = 2$ in die Gleichung der Lotgeraden ergibt den Ortsvektor bzw. die Koordinaten des Schnittkreismittelpunkts M_k:

$$\overrightarrow{m_k} = \begin{pmatrix} 1 \\ -2 \\ 1 \end{pmatrix} + 2 \cdot \begin{pmatrix} 2 \\ -1 \\ 3 \end{pmatrix} = \begin{pmatrix} 5 \\ -4 \\ 7 \end{pmatrix} \text{ und } \mathbf{M_k(5 \mid -4 \mid 7)}$$

Ergebnis:

Der Schnittkreis zwischen der Ebene E und der Kugel K hat den Radius $r_k = 5$ und den Mittelpunkt $M_k(5 \mid -4 \mid 7)$.

Beispiel 2: E und K berühren sich

Bestimmen Sie die Schnittmenge zwischen der Kugel K und der Ebene E:

E: $6x_1 - 4x_2 + x_3 = -23$, K: $212 = (x_1 - 10)^2 + (x_2 + 5)^2 + (x_3 - 3)^2$

1. Schritt: den Abstand zwischen E und K bestimmen

Die HNF von E lautet: $\left|\dfrac{6x_1 - 4x_2 + x_3 + 23}{\sqrt{53}}\right|$

Der Kugelmittelpunkt hat die Koordinaten $M(10\,|\,-5\,|\,3)$. Durch Einsetzen der Koordinaten von M folgt für den Abstand d_{M-E} von M zu E:

$$d_{M-E} = \left|\frac{6 \cdot 10 - 4 \cdot (-5) + 3 + 23}{\sqrt{53}}\right| = \left|\frac{106}{\sqrt{53}}\right| = 2 \cdot \sqrt{53} \approx 14{,}56$$

Der Radius r der Kugel ist $r = \sqrt{212} = \sqrt{4 \cdot 53} = 2 \cdot \sqrt{53}$. Er ist genauso groß wie der Abstand zwischen M und E. Das heißt, dass sich E und K berühren. Den Berührpunkt bestimmt man, indem man die Lotgerade durch M mit der Ebene E schneidet.

2. Schritt: den Berührpunkt bestimmen

Der Richtungsvektor der Lotgeraden ist der Normalenvektor von E.

Mit $\vec{n} = \begin{pmatrix} 6 \\ -4 \\ 1 \end{pmatrix}$ und $M(10\,|\,-5\,|\,3)$ hat die Lotgerade die Gleichung:

$$l: \ \vec{x} = \begin{pmatrix} 10 \\ -5 \\ 3 \end{pmatrix} + t \cdot \begin{pmatrix} 6 \\ -4 \\ 1 \end{pmatrix}$$

Schnitt von l mit E ergibt den Berührpunkt (→ *Kapitel „Schnittprobleme", Abschnitt 1*):

Die Punkte der Lotgeraden haben die Koordinaten $\mathbf{x_1 = 10 + 6t}$, $\mathbf{x_2 = -5 - 4t}$ und $\mathbf{x_3 = 3 + t}$, mit $t \in \mathbb{R}$. Indem man diese Koordinaten in die Ebenengleichung E: $6x_1 - 4x_2 + x_3 = -23$ einsetzt und nach t auflöst, erhält man: $\mathbf{t = -2}$. Einsetzen von $t = -2$ in die Gleichung der Lotgeraden ergibt den Ortsvektor bzw. die Koordinaten des Berührpunkts.

$$\vec{b} = \begin{pmatrix} 10 \\ -5 \\ 3 \end{pmatrix} + (-2) \cdot \begin{pmatrix} 6 \\ -4 \\ 1 \end{pmatrix} = \begin{pmatrix} -2 \\ 3 \\ 1 \end{pmatrix} \text{ und } B(-2\,|\,3\,|\,1)\,.$$

Ergebnis:

Die Ebene E und die Kugel K berühren sich im Punkt $B(-2\,|\,3\,|\,1)$.

4 Die Tangentialebene einer Kugel

Eine Ebene, die mit einer Kugel K nur einen Punkt, den Berührpunkt, gemeinsam hat, nennt man Tangentialebene T von K. Die besondere Eigenschaft einer Tangentialebene ist, dass der Vektor zwischen dem Berührpunkt B und dem Kugelmittelpunkt M senkrecht auf T steht. Daher ist $\overrightarrow{BM}$ ein Normalenvektor der Tangentialebene.

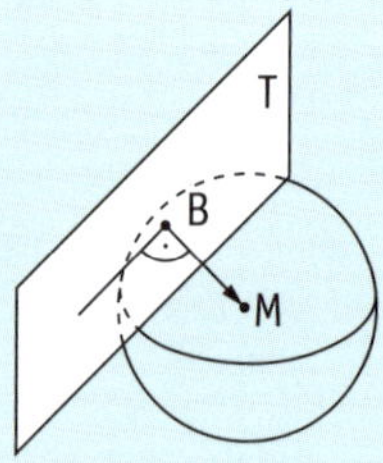

Der Vektor $\overrightarrow{BM}$ steht senkrecht auf der Tangentialebene T.

Merke

Eine Tangentialebene T hat mit einer Kugel K nur einen Punkt gemeinsam: den Berührpunkt B. Der Vektor zwischen B und dem Kugelmittelpunkt M steht senkrecht auf T; daher ist $\overrightarrow{BM}$ ein Normalenvektor von T.

Beispiel

Wie lautet die Gleichung der Tangentialebene an die Kugel K im Berührpunkt $B(2|0|1)$? Es ist K: $36 = (x_1 + 3)^2 + x_2^2 + (x_3 + 2)^2$

1. Schritt: Berechnung des Vektors zwischen B und M

Aus der Kugelgleichung können die Koordinaten des Kugelmittelpunkts abgelesen werden. Es ist: $M(-3|0|-2)$.

Damit ist der Vektor $\overrightarrow{BM} = \begin{pmatrix} -3 \\ 0 \\ -2 \end{pmatrix} - \begin{pmatrix} 2 \\ 0 \\ 1 \end{pmatrix} = \begin{pmatrix} -5 \\ 0 \\ -3 \end{pmatrix}$

2. Schritt: die Koordinatengleichung der Tangentialebene aufstellen

Da $\overrightarrow{BM}$ der Normalenvektor der Tangentialebene T ist, lautet die Koordinatengleichung von T: $-5x_1 - 3x_3 = d$

Mit $B \in T$ erhält man die Konstante d durch Einsetzen der Koordinaten von $B(2|0|1)$:

$(-5) \cdot 2 - 3 \cdot 1 = d$

$-13 = d$ bzw. $\mathbf{d = -13}$

Ergebnis: Die Tangentialebene im Punkt $B(2|0|1)$ hat die Gleichung T: $-5x_1 - 3x_3 = -13$.

Lineare Algebra

Lineare Gleichungssysteme und ihre Lösung

1 Lineare Gleichungssysteme

Das Merkmal linearer Gleichungen ist, dass in ihnen die Variablen weder mit sich selbst noch mit anderen Variablen multipliziert werden. Beispielsweise sind die Gleichungen $3x + 7 = 13$ oder $4x_1 + 3x_2 = 16$ linear. Die Zahl der Variablen in linearen Gleichungen kann beliebig groß sein. Die **allgemeine Form** linearer Gleichungen ist:

$$\mathbf{a_1 x_1 + a_2 x_2 + \ldots + a_n x_n = b} \quad \text{mit } a_1, a_2, \ldots, a_n, b \in \mathbb{R}$$

Eine **Lösung einer linearen Gleichung** ist jedes Set von reellen Zahlen für $x_1, x_2, \ldots, x_n$ (ein so genanntes „n-Tupel"), das die lineare Gleichung erfüllt. Beispielsweise hat die obige Gleichung $3x + 7 = 13$ genau eine Lösung, nämlich $x = 2$. Dagegen wird die Gleichung $4x_1 + 3x_2 = 16$ von unendlich vielen Zahlenpaaren $(x_1; x_2)$ erfüllt. Das Zahlenpaar (1; 4) ist eines davon. Mehrere lineare Gleichungen bilden ein so genanntes **lineares Gleichungssystem** (kurz **LGS**). Wie man die Lösungsmenge linearer Gleichungssysteme bestimmt, wird im folgenden Abschnitt vorgestellt.

Merke: Lineares Gleichungssystem (LGS)

Ein LGS setzt sich aus mehreren linearen Gleichungen zusammen.
Die Zahl der Variablen und die Zahl der Gleichungen, aus denen ein LGS besteht, sind unabhängig voneinander und können beliebig groß sein.
Eine Lösung eines LGS ist jedes n-Tupel von reellen Zahlen für $x_1, x_2, \ldots, x_n$, das alle Gleichungen des Gleichungssystems erfüllt.
Die allgemeine Form linearer Gleichungssysteme ist:

$$\begin{aligned}
a_{11}x_1 + a_{12}x_2 + \ldots + a_{1n}x_n &= b_1 \\
a_{21}x_1 + a_{22}x_2 + \ldots + a_{2n}x_n &= b_2 \\
\ldots \quad \ldots \quad \ldots \quad \ldots \quad &\ldots \\
a_{m1}x_1 + a_{m2}x_2 + \ldots + a_{mn}x_n &= b_m \quad \text{mit } m, n \in \mathbb{N}^+.
\end{aligned}$$

Wenn alle Koeffizienten der rechten Seite gleich 0 sind ($b_1 = b_2 = \ldots = b_m = 0$), ist das LGS **homogen**, ansonsten bezeichnet man es als **inhomogen**.

2 Das Gaussverfahren zur Lösung linearer Gleichungssysteme

Gleichungen mit einer Variablen löst man, indem man sie so lange in äquivalente Gleichungen umformt, bis man ihre Lösung direkt ablesen kann. Beispielweise erhält man die Lösung der Gleichung $5x + 17 = 572$ durch die Umformungsschritte:

$$\begin{aligned} 5x + 17 &= 572 \quad &| -17 \\ 5x &= 555 \quad &| : 5 \\ x &= 111 \end{aligned}$$

Ganz entsprechend wird auch ein lineares Gleichungssystem gelöst – allerdings mit anderen Regeln der Äquivalenzumformung.

Wie ein Gleichungssystem aussehen muss, damit man die Lösung leicht ablesen kann, veranschaulicht folgendes Beispiel. Dem LGS

$$\begin{aligned} 4x_1 + 5x_2 - 3x_3 &= 5 \quad &\text{(I)} \\ 2x_1 + 4x_2 - 5x_3 &= 0 \quad &\text{(II)} \\ 4x_1 + 8x_2 - 9x_3 &= 2 \quad &\text{(III)} \end{aligned}$$

sieht man ganz offensichtlich nicht an, welche Lösung es hat. Ein dazu äquivalentes Gleichungssystem lautet:

$$\begin{aligned} 4x_1 + 5x_2 - 3x_3 &= 5 \quad &\text{(IV)} \\ 3x_2 - 7x_3 &= -5 \quad &\text{(V)} \\ 2x_3 &= 4 \quad &\text{(VI)} \end{aligned}$$

Ein solches Gleichungssystem, in dem von Zeile zu Zeile jeweils die linke Variable wegfällt, ist immer das Ziel der Äquivalenzumformung. Man nennt diese Form eines LGS **Stufenform**. Anhand dieser Stufenform kann die Lösungsmenge leicht bestimmt werden:

Dazu beginnt man in der Fußzeile (VI), aus der sich der x_3-Wert ergibt: $\mathbf{x_3 = 2}$. Indem man anschließend diesen Wert in Zeile (V) einsetzt, erhält man eine Gleichung, mit der man die x_2-Variable berechnen kann: Aus $3x_2 - 7 \cdot 2 = -5$ folgt durch Umformen: $\mathbf{x_2 = 3}$.

Den Wert für x_1 erhält man durch Einsetzen von $x_3 = 2$ und $x_2 = 3$ in Zeile (IV): $4x_1 + 5 \cdot 3 - 3 \cdot 2 = 5$. Durch Umformen folgt: $\mathbf{x_1 = -1}$. Das LGS hat also die Lösung: $\mathbf{L = \{(-1;\ 3;\ 2)\}}$

Wie man selbst leicht nachprüfen kann, ist dies auch die Lösung des oberen LGS (Zeilen (I), (II), (III)).

Die Zahl der Zeilen und Variablen eines LGS bestimmt, wie eine Stufenform im Einzelnen aussieht. Die nebenstehende Darstellung zeigt drei verschiedene Stufenformen. Alle Koeffizienten, die von der Treppe verdeckt werden, sind 0. Besteht ein LGS aus mehr Variablen als Zeilen (Fall b), tauchen in der unteren Zeile noch mehrere Variablen auf. Hat ein Gleichungssystem mehr Zeilen als Variablen (Fall c), erhält die Treppe noch einen Sockel.

Verschiedene Stufenformen

a) gleich viele Zeilen wie Variablen:

$$\begin{aligned} 4x_1 + 5x_2 - 3x_3 &= 5 \\ 3x_2 - 7x_3 &= -5 \\ 2x_3 &= 4 \end{aligned}$$

b) mehr Variablen als Zeilen:

$$\begin{aligned} 4x_1 + 5x_2 - 3x_3 + 2x_4 &= 5 \\ 3x_2 - 7x_3 + 4x_4 &= -5 \end{aligned}$$

c) mehr Zeilen als Variablen:

$$\begin{aligned} 4x_1 + 5x_2 + 2x_3 &= 5 \\ -2x_2 + 4x_3 &= -5 \\ 5x_3 &= 4 \\ &=. \\ &=. \\ &=. \end{aligned}$$

Merke: Das Gaussverfahren zur Lösung eines LGS

Beim so genannten Gaussverfahren wird ein LGS so umgeformt, dass von Zeile zu Zeile jeweils die linke Variable wegfällt. Man nennt diese Form die Stufenform eines LGS. Anhand der Stufenform können die Variablen des LGS „von unten nach oben" leicht berechnet werden.

Bei der Äquivalenzumformung eines LGS sind folgende Rechenoperationen erlaubt:

1. Zwei Zeilen dürfen miteinander vertauscht werden.
2. Eine Gleichung darf mit einer beliebigen Zahl $\neq 0$ multipliziert bzw. dividiert werden.
3. Eine Gleichung des LGS darf durch die Summe bzw. Differenz zweier Gleichungen ersetzt werden.

Bei der Addition zweier Zeilen werden jeweils die entsprechenden Koeffizienten addiert. Bei der Multiplikation einer Zeile mit einer reellen Zahl ($\neq 0$) muss man jeden Koeffizient der Zeile mit der reellen Zahl multiplizieren.

Bevor nun das Gaussverfahren an drei Beispielen demonstriert wird, noch ein **Hinweis zur Schreibweise**:

Um unnötige Schreibarbeit zu sparen, stellt man Gleichungssysteme gewöhnlich in einem Schema dar, in dem die Variablen weggelassen sind. In dieser Kurzschreibweise sieht beispielsweise das LGS:

$2x_1 - 3x_2 + 4x_3 = -1$
$4x_1 + 6x_2 - 8x_3 = 2$
$-x_1 + 9x_2 - 2x_3 = 2$

so aus:

$$\left(\begin{array}{ccc|c} 2 & -3 & 4 & -1 \\ 4 & 6 & -8 & 2 \\ -1 & 9 & -2 & 2 \end{array}\right)$$

Ein LGS kann entweder genau eine Lösung oder gar keine Lösung oder unendlich viele Lösungen haben, wie folgende Beispiele zeigen:

Beispiele

Beispiel 1: genau eine Lösung

Bestimmen Sie die Lösungsmenge des Gleichungssystems:

$$\begin{array}{ccc|cl} 2 & -3 & 4 & -1 & \text{(I)} \\ 4 & 6 & -8 & 2 & \text{(II)} \\ -1 & 9 & -2 & 2 & \text{(III)} \end{array}$$

1. Schritt: Umformen zur Stufenform

Zunächst eliminiert man in der ersten Spalte alle Koeffizienten außer dem oberen. Durch Multiplikation der ersten Zeile mit (−2) und Addition mit der zweiten Zeile verschwindet in Zeile (II) die Zahl 4:

$$\begin{array}{ccccl} -4 & 6 & -8 & 2 & (-2)\cdot\text{(I)} \\ \downarrow & \downarrow & \downarrow & & \\ 4 & 6 & -8 & 2 & \text{(II)} \\ \hline 0 & 12 & -16 & 4 & (-2)\cdot\text{(I)} + \text{(II)} \end{array}$$

Entsprechend kann man den Koeffizienz −1 in Zeile (III) eliminieren, indem man Zeile (III) mit 2 multipliziert und die Zeile (I) addiert:

2	−3	4	−1	(IV)
0	12	−16	4	(V) = (−2) · (I) + (II)
0	15	0	3	(VI) = 2 · (III) + (I)

Um schließlich auf die Stufenform zu kommen, muss man nur noch den unteren Koeffizienten in der zweiten Spalte eliminieren – in diesem Beispiel also die Zahl 15. Dies gelingt, indem man Zeile (V) mit $-\frac{15}{12}$ multipliziert und zur Zeile (VI) addiert.

Das neue Gleichungssystem lautet dann:

2	−3	4	−1	(VII)
0	12	−16	4	(VIII)
0	0	20	−2	(IX) = $\left(-\frac{15}{12}\right)$ · (V) + (VI)

2. Schritt: Bestimmen der Lösungsmenge

Aus Gleichung (IX) folgt sofort: $\mathbf{x_3 = -0{,}1}$. Durch Einsetzen in Gleichung (VIII) erhält man: $12x_2 + 1{,}6 = 4$. Auflösen nach x_2 ergibt: $\mathbf{x_2 = 0{,}2}$. Indem man $x_3 = -0{,}1$ und $x_2 = 0{,}2$ in Gleichung (VII) einsetzt, erhält man: $2x_1 - 0{,}6 - 0{,}4 = -1$ und $\mathbf{x_1 = 0}$.

Ergebnis:

Das Gleichungssystem hat genau eine Lösung – nämlich:

$\mathbb{L} = \{(0; 0{,}2; -0{,}1)\}$

Beispiel 2: keine Lösung

Bestimmen Sie die Lösungsmenge des Gleichungssystems:

0	1	−2	12	(I)
2	7	−3	10	(II)
2	5	1	1	(III)

1. Schritt: Umformen zur Stufenform

Zunächst vertauscht man die Zeile (II) mit der Kopfzeile:

2	7	−3	10	(IV)
0	1	−2	12	(V)
2	5	1	1	(VI)

Den vorderen Koeffizient in Zeile (VI) eliminiert man, indem man Zeile (IV) von Zeile (VI) abzieht. Das neue Gleichungssystem lautet:

2	7	−3	10	(VII)
0	1	−2	12	(VIII)
0	−2	4	−11	(IX) = (VI) − (IV)

Den Koeffizienz −2 in Zeile (IX) kann man eliminieren, indem man zu Zeile (IX) das Doppelte von Zeile (VIII) addiert. Man erhält:

2	7	−3	10	(X)
0	1	−2	12	(XI)
0	0	0	13	(XII) = (IX) + 2 · (VIII)

2. Schritt: Bestimmen der Lösungsmenge

Ausgeschrieben lautet Gleichung (XII): $\mathbf{0 \cdot x_3 = 13}$

Für diese Gleichung gibt es keine Lösung. Damit hat auch das ganze LGS keine Lösung.

Ergebnis:

Das Gleichungssystem hat keine Lösung: $\mathbb{L} = \{\ \}$

Beispiel 3: unendlich viele Lösungen

Bestimmen Sie die Lösungsmenge des Gleichungssystems:

3	10	−5	7	(I)
9	25	−5	13	(II)
3	5	5	−1	(III)

1. Schritt: Umformen zur Stufenform

Den ersten Koeffizient der Zeile (II) eliminiert man, indem man das Dreifache der Kopfzeile von Zeile (II) abzieht. Der erste Koeffizient von Zeile (III) verschwindet, indem man von Zeile (III) die Kopfzeile abzieht. Man erhält:

3	10	−5	7	(IV)
0	−5	10	−8	(V) = (II) − 3 · (I)
0	−5	10	−8	(VI) = (III) − (I)

Den zweiten Koeffizient in Zeile (VI) (also die Zahl −5) eliminiert man, indem man Zeile (V) mit (−1) multipliziert und zu Zeile (VI) addiert. Das neue Gleichungssystem lautet:

$$\left.\begin{array}{ccc|c} 3 & 10 & -5 & 7 \\ 0 & -5 & 10 & -8 \\ 0 & 0 & 0 & 0 \end{array}\right. \quad \begin{array}{l} \text{(VII)} \\ \text{(VIII)} \\ \text{(IX)) } (-1)\cdot\text{(V)} + \text{(VI)} \end{array}$$

2. Schritt: Bestimmen der Lösungsmenge

Ausgeschrieben lautet Gleichung (IX): $\mathbf{0 \cdot x_3 = 0}$

Diese Gleichung hat unendlich viele Lösungen für x_3. Um die Lösungsmenge angeben zu können, führt man die Hilfsvariable t ein und setzt $\mathbf{x_3 = t}$. Anschließend drückt man die beiden anderen x-Variablen in Abhängigkeit von t aus:

Durch Einsetzen von $x_3 = t$ in Zeile (VIII) folgt:

$$-5x_2 + 10t = -8 \qquad |\ -10t$$
$$-5x_2 = -8 - 10t \qquad |\ :(-5)$$
$$x_2 = 1{,}6 + 2t$$

Einsetzen von $\mathbf{x_3 = t}$ und $\mathbf{x_2 = 1{,}6 + 2t}$ in Zeile (VII) ergibt:

$$3x_1 + 10 \cdot (\mathbf{1{,}6 + 2t}) - 5\mathbf{t} = 7$$
$$3x_1 + 16 + 20t - 5t = 7$$
$$3x_1 + 16 + 15t = 7 \qquad |\ -16 - 15t$$
$$3x_1 = -9 - 15t \qquad |\ :3$$
$$x_1 = -3 - 5t$$

Ergebnis:

Das Gleichungssystem hat unendlich viele Lösungen:

$\mathbb{L} = \{(\mathbf{-3 - 5t;\ 1{,}6 + 2t;\ t}) \quad \textbf{mit } \mathbf{t} \in \mathbb{R}\}$

Grundbegriffe der Vektorrechnung

1 Vektoren und Vektorräume

Merke

Ein **Vektorraum V** ist definiert als eine Menge, für deren Elemente bestimmte Regeln der Addition und Multiplikation gelten. Die Elemente eines Vektorraums bezeichnet man als **Vektoren**. Die wichtigsten Rechenregeln sind:

1. Die Summe zweier Elemente ergibt wieder ein Element von V.
2. Multipliziert man ein Element mit einer reellen Zahl, erhält man wieder ein Element von V.
3. Regeln der Klammersetzung: Sind u, v und w Elemente von V, gelten die Gleichungen:
   a) $(u + v) + w = u + (v + w)$
   b) $a \cdot (u + v) = a \cdot u + a \cdot v$ mit $a \in \mathbb{R}$
4. Es muss ein Element 0 geben, so dass gilt: $u + 0 = u$
   Das Element 0 nennt man **Nullvektor**.

Beispielsweise kann in der analytischen Geometrie **eine Menge aus unendlich vielen Pfeilen** als ein Vektorraum aufgefasst werden – etwa die Menge aller Pfeile, die in einer Ebene liegen. Diese Menge ist deshalb ein Vektorraum, weil in der Geometrie für die Addition und Multiplikation in einer Pfeilmenge Folgendes vereinbart ist:

Zwei Pfeile werden addiert, indem man das Ende des einen Pfeils an die Spitze des anderen anlegt. Die Summe beider Pfeile ergibt dann denjenigen Pfeil, der vom Anfang des einen zur Spitze des anderen zeigt. Das Produkt zwischen einer reellen Zahl k und einem Pfeil ergibt einen Pfeil, der in dieselbe Richtung zeigt und die k-fache Länge hat. Der Pfeil mit der „Länge" 0 ist in der Geometrie der Nullvektor.

Damit erfüllt die Menge aller Pfeile, die in einer Ebene bzw. im dreidimensionalen Raum liegen, alle Kriterien eines Vektorraums.

Ein Vektorraum außerhalb der Geometrie ist beispielsweise die **Menge aller quadratischer Polynome:**

$a \cdot x^2 + b \cdot x + c \quad \text{mit } a, b, c \in \mathbb{R}.$

Wie man leicht zeigen kann, erfüllt auch diese Menge die Kriterien eines Vektorraums. So ergibt etwa die Summe zweier quadratischer Polynome wieder ein quadratisches Polynom:

$$a_1 \cdot x^2 + b_1 \cdot x + c_1 + a_2 \cdot x^2 + b_2 \cdot x + c_2$$
$$= (a_1 + a_2) \cdot x^2 + (b_1 + b_2) \cdot x + c_1 + c_2$$

Und beim Multiplizieren einer reellen Zahl k mit einem quadratischen Polynom erhält man auch wieder ein quadratisches Polynom:

$$k \cdot (a \cdot x^2 + b \cdot x + c) = ka \cdot x^2 + kb \cdot x + kc.$$

Entsprechend kann man zeigen, dass auch die oben genannten Regeln der Klammersetzung in der Menge der quadratischen Polynome gelten. Das Nullelement in der Menge der quadratischen Polynome ist das Polynom $0 \cdot x^2 + 0 \cdot x + 0 = 0$.

Wegen $a \cdot x^2 + b \cdot x + c + 0 = 0$ ist auch das vierte Kriterium erfüllt.

Um mit Vektoren rechnen zu können, muss man sie in geeigneter Weise darstellen. Wie das geht, zeigt folgender Abschnitt. Vektoren sind dabei mit Kleinbuchstaben und einem Pfeil darüber gekennzeichnet.

2 Die Vektorschreibweise

Wenn die Vektoren $\overrightarrow{b_1}$, $\overrightarrow{b_2}$, …, $\overrightarrow{b_n}$ Elemente eines Vektorraums V sind, dann ist entsprechend den oben definierten Rechenregeln auch der Vektor $\vec{v} = \alpha_1 \cdot \overrightarrow{b_1} + \alpha_2 \cdot \overrightarrow{b_2} + \ldots + \alpha_n \cdot \overrightarrow{b_n}$ mit $\alpha_1, \alpha_2, \ldots, \alpha_n \in \mathbb{R}$ ein Element von V. Den Ausdruck $\alpha_1 \cdot \overrightarrow{b_1} + \alpha_2 \cdot \overrightarrow{b_2} + \ldots + \alpha_n \cdot \overrightarrow{b_n}$ nennt man **Linearkombination** der Vektoren $\overrightarrow{b_1}$, $\overrightarrow{b_2}$, …, $\overrightarrow{b_n}$. Wenn man jeden beliebigen Vektor des Vektorraums V als eine Linearkombination von $\overrightarrow{b_1}$, $\overrightarrow{b_2}$, …, $\overrightarrow{b_n}$ eindeutig beschreiben kann, nennt man $\overrightarrow{b_1}$, $\overrightarrow{b_2}$, …, $\overrightarrow{b_n}$ **Basisvektoren** von V.

Merke

Ein Set von n Vektoren $\overrightarrow{b_1}$, $\overrightarrow{b_2}$, …, $\overrightarrow{b_n}$ heißt Basis des Vektorraums V, wenn sich jeder Vektor $\vec{v}$ von V als Linearkombination $\vec{v} = \alpha_1 \cdot \overrightarrow{b_1} + \alpha_2 \cdot \overrightarrow{b_2} + \ldots + \alpha_n \cdot \overrightarrow{b_2}$ mit eindeutig bestimmten Koeffizienten $\alpha_1, \alpha_2, \ldots, \alpha_n$ beschreiben lässt ($\alpha_i \in \mathbb{R}$).

Die Koeffizienten $\alpha_1, \alpha_2, \ldots, \alpha_n$ heißen **Koordinaten des Vektors** $\vec{v}$. Zur Darstellung eines Vektors $\vec{v}$ werden seine Koordinaten übereinander in eine Spalte geschrieben:

$$\vec{v} = \begin{pmatrix} \alpha_1 \\ \alpha_2 \\ \vdots \\ \alpha_n \end{pmatrix}$$

Die Zahl der Basisvektoren ist die **Dimension des Vektorraums.**

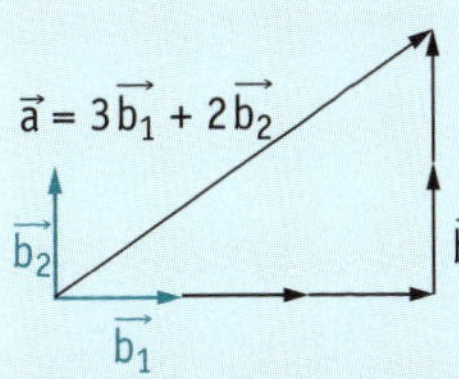

Der Vektor $\vec{a}$ als Linearkombination der Basisvektoren $\overrightarrow{b_1}$ und $\overrightarrow{b_2}$.

In der Zeichnung seien die Vektoren $\overrightarrow{b_1}$ und $\overrightarrow{b_2}$ die Basisvektoren des geometrischen Vektorraums „Ebene". Man beachte, dass der parallel verschobene Pfeil $\overrightarrow{b_2}$ weiterhin mit $\overrightarrow{b_2}$ bezeichnet werden darf (→ *Analytische Geometrie, Kapitel „Punkte und Vektoren", Abschnitt 1*). Für den eingezeichneten Vektor $\vec{a}$ gilt: $\vec{a} = 3 \cdot \overrightarrow{b_1} + 2 \cdot \overrightarrow{b_2}$. Somit lautet der Vektor $\vec{a}$ als Spaltenvektor: $\vec{a} = \begin{pmatrix} 3 \\ 2 \end{pmatrix}$.

3 Addition und Multiplikation von Vektoren

Mit der oben vorgestellten Schreibweise als Spaltenvektor führt man eine Addition zweier Vektoren und die Multiplikation zwischen einer reellen Zahl und einem Vektor folgendermaßen durch:

Merke

Addition zweier Vektoren:

Zwei Vektoren werden addiert, indem man die jeweiligen Vektorkoordinaten addiert:

$$\vec{v} + \vec{w} = \begin{pmatrix} v_1 \\ v_2 \\ \vdots \\ v_n \end{pmatrix} + \begin{pmatrix} w_1 \\ w_2 \\ \vdots \\ w_n \end{pmatrix} = \begin{pmatrix} v_1 + w_1 \\ v_2 + w_2 \\ \vdots \\ v_n + w_n \end{pmatrix}$$

Multiplikation mit einer reellen Zahl:

Zur Berechnung des Produkts $k \cdot \vec{v}$ multipliziert man jede Vektorkoordinate mit k. Es gilt:

$$k \cdot \vec{v} = k \cdot \begin{pmatrix} v_1 \\ v_2 \\ \vdots \\ v_n \end{pmatrix} = \begin{pmatrix} k \cdot v_1 \\ k \cdot v_2 \\ \vdots \\ k \cdot v_n \end{pmatrix}$$

4 Lineare Abhängigkeit und Unabhängigkeit

Eine wichtige Eigenschaft der in → *Abschnitt 2 „Die Vektorschreibweise"* erwähnten Basisvektoren ist die so genannte lineare Unabhängigkeit. Damit ist gemeint, dass keiner der Basisvektoren als Linearkombination der anderen Basisvektoren dargestellt werden kann. Beispielsweise wären zwei Vektoren, die parallel zueinander stehen, linear abhängig. Man überprüft die lineare Unabhängigkeit von Vektoren mit folgender Regel:

Merke

Die n Vektoren $\vec{v_1}, \vec{v_2}, \ldots, \vec{v_n}$ sind linear unabhängig, wenn es für die Gleichung $\alpha_1 \cdot \vec{v_1} + \alpha_2 \cdot \vec{v_2} + \ldots + \alpha_n \cdot \vec{v_n} = \vec{0}$ nur die Nulllösung $\alpha_1 = \alpha_2 = \ldots = \alpha_n = 0$ gibt.

Die Koordinaten des Vektors $\vec{0}$, des Nullvektors, sind alle 0.

Beispiele

Beispiel 1

Überprüfen Sie, ob die drei Vektoren $\vec{a} = \begin{pmatrix} 1 \\ 3 \\ -2 \end{pmatrix}, \vec{b} = \begin{pmatrix} 5 \\ 2 \\ 7 \end{pmatrix}, \vec{c} = \begin{pmatrix} 3 \\ 0 \\ 4 \end{pmatrix}$ linear unabhängig sind.

Lösung:

Zur Überprüfung der linearen Unabhängigkeit muss die Lösung der Gleichung

$$\alpha_1 \cdot \begin{pmatrix} 1 \\ 3 \\ -2 \end{pmatrix} + \alpha_2 \cdot \begin{pmatrix} 5 \\ 2 \\ 7 \end{pmatrix} + \alpha_3 \cdot \begin{pmatrix} 3 \\ 0 \\ 4 \end{pmatrix} = \begin{pmatrix} 0 \\ 0 \\ 0 \end{pmatrix}$$ bestimmt werden.

Als Gleichungssystem lautet diese Vektorgleichung:

$$\begin{aligned} \alpha_1 + 5\alpha_2 + 3\alpha_3 &= 0 \\ 3\alpha_1 + 2\alpha_2 &= 0 \\ -2\alpha_1 + 7\alpha_2 + 4\alpha_3 &= 0 \end{aligned}$$

Und in der Kurzschreibweise:

$$\begin{array}{ccc|cl} 1 & 5 & 3 & 0 & \text{(I)} \\ 3 & 2 & 0 & 0 & \text{(II)} \\ -2 & 7 & 4 & 0 & \text{(III)} \end{array}$$

Grundbegriffe der Vektorrechnung

$$\begin{array}{rrr|rl} 1 & 5 & 3 & 0 & \text{(IV)} \\ 0 & -13 & -9 & 0 & \text{(V)} = \text{(I)} \cdot (-3) + \text{(II)} \\ 0 & 17 & 10 & 0 & \text{(VI)} = \text{(I)} \cdot (2) + \text{(III)} \end{array}$$

$$\begin{array}{rrr|rl} 1 & 5 & 3 & 0 & \text{(VII)} \\ 0 & -13 & -9 & 0 & \text{(VIII)} \\ 0 & 0 & -\frac{23}{13} & 0 & \text{(IX)} = \text{(V)} \cdot \left(\frac{17}{13}\right) + \text{(VI)} \end{array}$$

Ausführlich mit den Variablen sieht die Stufenform so aus:

$$\begin{aligned} \alpha_1 + 5\alpha_2 + 3\alpha_3 &= 0 \\ -13\alpha_2 - 9\alpha_3 &= 0 \\ -\frac{23}{13}\alpha_3 &= 0 \end{aligned}$$

Demzufolge ist die einzige Lösung: $\alpha_1 = \alpha_2 = \alpha_3 = 0$.

Damit sind die drei Vektoren linear unabhängig.

Beispiel 2:

Untersuchen Sie die drei Vektoren $\vec{a} = \begin{pmatrix} -2 \\ 5 \\ 1 \end{pmatrix}, \vec{b} = \begin{pmatrix} 4 \\ -3 \\ 2 \end{pmatrix}, \vec{c} = \begin{pmatrix} 2 \\ 9 \\ 7 \end{pmatrix}$ auf lineare Unabhängigkeit.

Lösung:

Gesucht ist wieder die Lösung der Gleichung

$$\alpha_1 \cdot \begin{pmatrix} -2 \\ 5 \\ 1 \end{pmatrix} + \alpha_2 \cdot \begin{pmatrix} 4 \\ -3 \\ 2 \end{pmatrix} + \alpha_3 \cdot \begin{pmatrix} 2 \\ 9 \\ 7 \end{pmatrix} = \begin{pmatrix} 0 \\ 0 \\ 0 \end{pmatrix}$$

Als Gleichungssystem lautet diese Vektorgleichung:

$$\begin{aligned} -2\alpha_1 + 4\alpha_2 + 2\alpha_3 &= 0 \quad \text{(I)} \\ 5\alpha_1 - 3\alpha_2 + 9\alpha_3 &= 0 \quad \text{(II)} \\ \alpha_1 + 2\alpha_2 + 7\alpha_3 &= 0 \quad \text{(III)} \end{aligned}$$

Eine Stufenform dieses LGS ist (ohne Rechnung):

$$\begin{aligned} -2\alpha_1 + 4\alpha_2 + 2\alpha_3 &= 0 \\ \alpha_2 + 2\alpha_3 &= 0 \\ 0 \cdot \alpha_3 &= 0 \end{aligned}$$

Dieses LGS hat unendlich viele Lösungen: $\boldsymbol{\alpha_1 = -3t}$, $\boldsymbol{\alpha_2 = -2t}$ und $\boldsymbol{\alpha_3 = t}$ mit $t \in \mathbb{R}$. Damit sind die drei Vektoren linear abhängig.

Lineare Abbildungen

1 Eigenschaften linearer Abbildungen

Eine mathematische Abbildung hat die Eigenschaft, dass jedes Element einer Ausgangsmenge D auf ein Element einer Zielmenge Z abgebildet wird (siehe Schaubild). Allerdings muss bei einer Abbildung nicht zwingend jedem Element der Zielmenge auch ein Element der Ausgangsmenge zugeordnet sein, wie hier abgebildet.

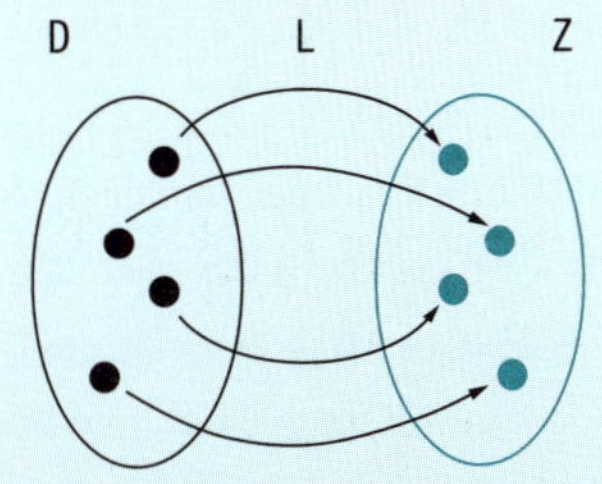

Eine Abbildung der Elemente aus D auf die Elemente von Z

In der linearen Algebra sind die Ausgangs- und Zielmenge immer Vektorräume, zwischen denen Vektoren abgebildet werden. Die Vektorräume D und Z können auch identisch sein. Die Abbildungsvorschrift wird mit einem Großbuchstaben, etwa L, gekennzeichnet. Das Bild eines Vektors $\vec{v}$ wird dann mit $L(\vec{v})$ bzw. $L\vec{v}$ beschrieben.

Merke: Eigenschaften linearer Abbildungen

1. Das Bild der Summe zweier Vektoren $\vec{v}$ und $\vec{w}$ ist gleich der Summe der Bilder dieser beiden Vektoren: $L(\vec{v} + \vec{w}) = L(\vec{v}) + L(\vec{w})$
2. Das Bild des Vielfachen eines Vektors $\vec{v}$ ist gleich dem Vielfachen des Bildes dieses Vektors: $L(\alpha \cdot \vec{v}) = \alpha \cdot L(\vec{v})$
3. Der Nullvektor des Ausgangsvektorraums wird auf den Nullvektor des Zielvektorraums abgebildet: $L(\vec{0}) = \vec{0}$

2 Lineare Abbildungen mit Matrizen: die Matrix-Vektor-Multiplikation

Das Bild eines Vektors wird in der linearen Algebra mithilfe eines Zahlenschemas berechnet, einer so genannten **Matrix**. Dazu wird diese Matrix mit dem abzubildenden Vektor multipliziert. Wie so eine Matrix-Vektor-Multiplikation durchgeführt wird, zeigt folgendes Beispiel:

Eine lineare Abbildung sei durch die Matrix $M = \begin{pmatrix} 1 & 2 \\ 3 & 4 \end{pmatrix}$ beschrieben. Das nebenstehende Schaubild zeigt, wie man mit M die einzelnen Koordinaten des Bildvektors von $\vec{v} = \begin{pmatrix} v_1 \\ v_2 \end{pmatrix}$ berechnet:

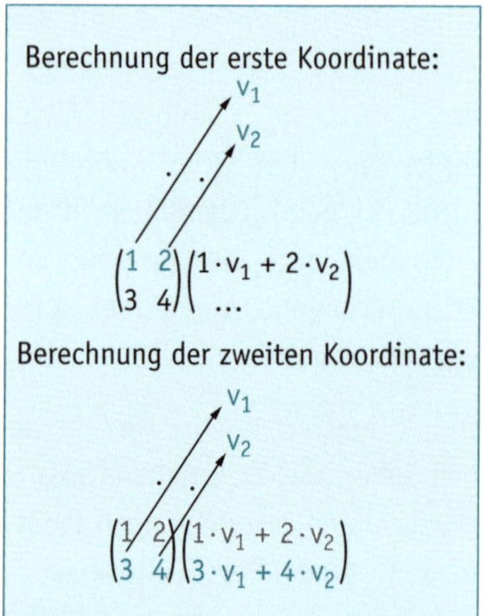

Multiplikation zwischen einer Matrix und einem Vektor

Die erste Koordinate des Bildvektors erhält man, indem man die Ziffern der ersten Matrixzeile nacheinander mit den jeweiligen Koordinaten des Vektors multipliziert: also $1 \cdot v_1$ und $2 \cdot v_2$. Die Summe dieser beiden Produkte ist die erste Koordinate des Bildvektors. Entsprechend berechnet man die zweite Koordinate des Bildvektors mit der zweiten Matrixzeile. Für $M \cdot \vec{v}$ ergibt sich also:

$$M \cdot \vec{v} = \begin{pmatrix} 1 & 2 \\ 3 & 4 \end{pmatrix} \cdot \begin{pmatrix} v_1 \\ v_2 \end{pmatrix} = \begin{pmatrix} 1 \cdot v_1 + 2 \cdot v_2 \\ 3 \cdot v_1 + 4 \cdot v_2 \end{pmatrix}$$

Das Produkt zwischen einer beliebigen Matrix und einem Vektor berechnet man ganz analog:

Merke: Matrix-Vektor-Multiplikation

Ist M eine (m × n)-Matrix (m Zeilen und n Spalten) und besteht der Vektor $\vec{v}$ aus n Koordinaten, dann gilt für das Produkt $M \cdot \vec{v}$:

$$\begin{pmatrix} a_{11} & a_{12} & \dots & a_{1n} \\ a_{21} & a_{22} & \dots & a_{2n} \\ & \vdots & & \\ a_{m1} & a_{m2} & \dots & a_{mn} \end{pmatrix} \cdot \begin{pmatrix} v_1 \\ v_2 \\ \vdots \\ v_n \end{pmatrix} = \begin{pmatrix} a_{11} \cdot v_1 + a_{12} \cdot v_2 + \dots a_{1n} \cdot v_n \\ a_{21} \cdot v_1 + a_{22} \cdot v_2 + \dots a_{2n} \cdot v_n \\ \vdots \\ a_{m1} \cdot v_1 + a_{m2} \cdot v_2 + \dots a_{mn} \cdot v_n \end{pmatrix}$$

In den Matrixkoeffizienten a_{ik} steht i für die Zeilennummer und k für die Spaltennummer (mit $i, k \in \mathbb{N}$).

Eine Matrix kann nur dann mit einem Vektor multipliziert werden, wenn die Zahl der Matrixspalten mit der Zahl der Vektorkoordinaten übereinstimmt.

Die Zahl der Matrixzeilen gibt die Zahl der Koordinaten des Bildvektors $M \cdot \vec{v}$ an.

Beispiele

Beispiel 1:

Berechnen Sie a) $\begin{pmatrix} 2 & -1 & 7 \\ 3 & 6 & 5 \\ 5 & 8 & -2 \end{pmatrix} \cdot \begin{pmatrix} 2 \\ -3 \\ 4 \end{pmatrix}$ und b) $\begin{pmatrix} 1 & 3 & 5 \\ 6 & -7 & 2 \end{pmatrix} \cdot \begin{pmatrix} -4 \\ 2 \\ 7 \end{pmatrix}$

Lösung:

zu a): Es ist:

$$\begin{pmatrix} 2 & -1 & 7 \\ 3 & 6 & 5 \\ 5 & 8 & -2 \end{pmatrix} \cdot \begin{pmatrix} 2 \\ -3 \\ 4 \end{pmatrix} = \begin{pmatrix} 35 \\ 8 \\ -22 \end{pmatrix}$$

zu b): Es ist:

$$\begin{pmatrix} 1 & 3 & 5 \\ 6 & -7 & 2 \end{pmatrix} \cdot \begin{pmatrix} -4 \\ 2 \\ 7 \end{pmatrix} = \begin{pmatrix} 37 \\ -24 \end{pmatrix}$$

Beispiel 2:

Berechnen Sie $\begin{pmatrix} \cos 30° & -\sin 30° \\ \sin 30° & \cos 30° \end{pmatrix} \cdot \begin{pmatrix} 2 \\ 1 \end{pmatrix}$.

Zeichnen Sie den Vektor $\vec{v} = \begin{pmatrix} 2 \\ 1 \end{pmatrix}$ und sein Bild in ein Koordinatensystem.

Was fällt auf ?

Lösung: Es ist:

$$\begin{pmatrix}\cos 30° & -\sin 30° \\ \sin 30° & \cos 30°\end{pmatrix} \cdot \begin{pmatrix}2\\1\end{pmatrix}$$

$$= \begin{pmatrix}2\cos 30° - \sin 30° \\ 2\sin 30° + \cos 30°\end{pmatrix} = \begin{pmatrix}\sqrt{3} - 0{,}5 \\ 1 + \frac{\sqrt{3}}{2}\end{pmatrix}$$

$$\approx \begin{pmatrix}1{,}23\\1{,}87\end{pmatrix}$$

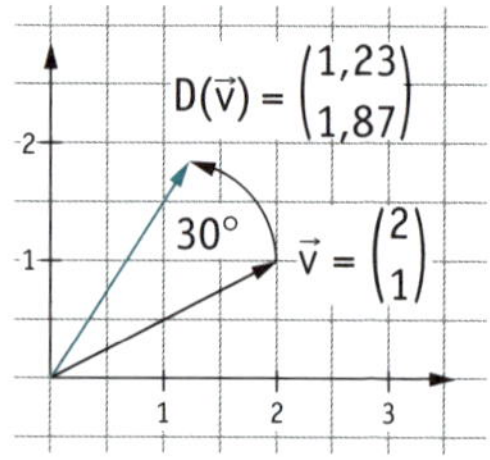

Der Vektor $\vec{v} = \begin{pmatrix}2\\1\end{pmatrix}$ wurde um 30° gegen den Uhrzeigersinn gedreht.

Die Matrix: $D = \begin{pmatrix}\cos 30° & -\sin 30° \\ \sin 30° & \cos 30°\end{pmatrix}$ beschreibt also eine Drehung.

Drehungen:

Hinweis: Jede Drehung in der Ebene um den Winkel α gegen den Uhrzeigersinn wird durch die Matrix $\begin{pmatrix}\cos\alpha & -\sin\alpha \\ \sin\alpha & \cos\alpha\end{pmatrix}$ beschrieben.

Beispiel 3:

Berechnen Sie $\begin{pmatrix}1&0&0\\0&1&0\\0&0&1\end{pmatrix} \cdot \begin{pmatrix}5\\-3\\9\end{pmatrix}$. Was fällt auf ?

Lösung:

Es ist: $\begin{pmatrix}1&0&0\\0&1&0\\0&0&1\end{pmatrix} \cdot \begin{pmatrix}5\\-3\\9\end{pmatrix} = \begin{pmatrix}5\\-3\\9\end{pmatrix}$ Der Bildvektor ist gleich dem ursprünglichen Vektor.

Merke

Eine $(n \times n)$-Matrix, in der alle Koeffizienten der Diagonalen 1 sind und alle anderen Koeffizienten 0, nennt man Einheitsmatrix:

$$E_n = \begin{pmatrix}1 & 0 & \dots & . & 0\\ 0 & 1 & \dots & . & .\\ . & . & 1 & . & .\\ . & . & . & 1 & .\\ 0 & . & . & . & 1\end{pmatrix}$$

Multipliziert man eine Einheitsmatrix mit einem Vektor, erhält man als Bild denselben Vektor. Es gilt: $E_n \cdot \vec{v} = \vec{v}$

3 Verknüpfung linearer Abbildungen: die Matrix-Matrix-Multiplikation

Wenn man zwei oder mehrere lineare Abbildungen nacheinander durchführt, spricht man von einer Verknüpfung linearer Abbildungen. Eine solche Verknüpfung $B \circ A$ der Abbildungen B und A (sprich: „B nach A“) bedeutet, dass ein Vektor $\vec{v}$ zuerst mit der Abbildung A zu $A(\vec{v})$ abgebildet wird. Anschließend wird mit der Abbildungsvorschrift B der Vektor $A(\vec{v})$ weiter abgebildet. Man erhält so den Vektor $B[A(\vec{v})]$.

Anstatt beide Abbildungen nacheinander durchzuführen, kann man die beiden Matrizen B und A durch Multiplizieren zu einer einzigen Abbildungsmatrix $M = B \cdot A$ zusammenfassen. Dann kann der Bildvektor mit M direkt berechnet werden. Es gilt nämlich:

$B[A(\vec{v})] = (B \cdot A)[\vec{v}]$.

Das Produkt zweier Matrizen wird folgendermaßen berechnet:

Merke: Multiplikation zweier Matrizen

Wenn die Vektoren $\vec{v_1}, \vec{v_2}, \ldots, \vec{v_n}$ die Spaltenvektoren der Matrix A sind, gilt für das Produkt $M = B \cdot A$ der Matrizen B und A:

$M = (B \cdot \vec{v_1}, B \cdot \vec{v_2}, \ldots, B \cdot \vec{v_n})$

In Worten: Die Spaltenvektoren der Matrix $M = B \cdot A$ erhält man, indem man die Matrix B mit den Spaltenvektoren von A multipliziert.

Man beachte, dass man das Produkt $B \cdot A$ nur dann berechnen kann, wenn die Matrix B genauso viel Spalten wie die Matrix A Zeilen hat.

Das Kommutativgesetz gilt abgesehen von Spezialfällen bei der Matrix-Matrix-Multiplikation nicht: $B \cdot A \neq A \cdot B$

Tipp

Die Multiplikation wird überschaubarer, wenn man beide Matrizen wie hier gezeigt versetzt zueinander aufschreibt.

Die Produktmatrix kann man dann in den entstandenen Freiraum schreiben, ohne die Koeffizienten durcheinander zu bringen.

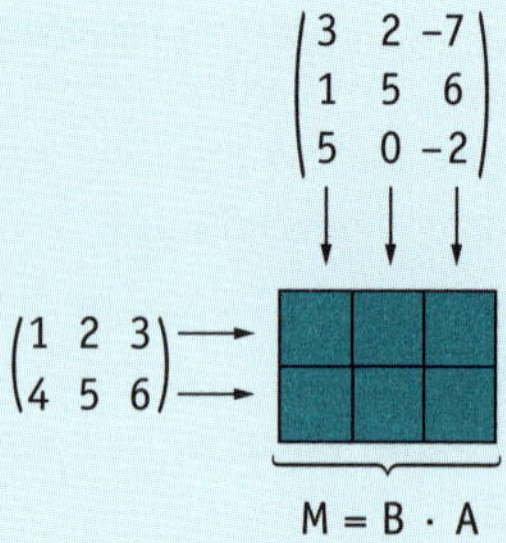

Beispiel

Berechnen Sie folgende Matrix-Matrix-Produkte. Welches Produkt kann nicht berechnet werden ?

a) $\begin{pmatrix} 3 & 5 & -1 \\ 2 & -2 & 4 \end{pmatrix} \cdot \begin{pmatrix} 5 & 3 \\ 3 & -6 \\ -2 & 4 \end{pmatrix}$

b) $\begin{pmatrix} 4 & 2 & 7 \\ -1 & -3 & 0 \\ 5 & 8 & 3 \end{pmatrix} \cdot \begin{pmatrix} 4 & -8 & 5 \\ -7 & 3 & 2 \end{pmatrix}$

c) $\begin{pmatrix} 3 & 6 \\ -1 & 8 \\ 0 & -3 \\ 9 & 5 \end{pmatrix} \cdot \begin{pmatrix} 5 & 2 & 1 \\ -3 & 0 & 7 \end{pmatrix}$

d) $\begin{pmatrix} -5 & 1 & 4 & 3 \\ 6 & -2 & 0 & -2 \\ 1 & 8 & 3 & 1 \end{pmatrix} \cdot \begin{pmatrix} 2 & 0 & 3 \\ 0 & 3 & 7 \\ 4 & -2 & -8 \\ -2 & 5 & 1 \end{pmatrix}$

Lösung:

a) $\begin{pmatrix} 3 & 5 & -1 \\ 2 & -2 & 4 \end{pmatrix} \cdot \begin{pmatrix} 5 & 3 \\ 3 & -6 \\ -2 & 4 \end{pmatrix} = \begin{pmatrix} 32 & -25 \\ -4 & 34 \end{pmatrix}$

b) Da die linke Matrix drei Spalten hat, die rechte Matrix aber nur zwei Zeilen, können beiden Matrizen nicht miteinander multipliziert werden.

c) $\begin{pmatrix} 3 & 6 \\ -1 & 8 \\ 0 & -3 \\ 9 & 5 \end{pmatrix} \cdot \begin{pmatrix} 5 & 2 & 1 \\ -3 & 0 & 7 \end{pmatrix} = \begin{pmatrix} -3 & 6 & 45 \\ -29 & -2 & 55 \\ 9 & 0 & -21 \\ 30 & 18 & 44 \end{pmatrix}$

d) $\begin{pmatrix} -5 & 1 & 4 & 3 \\ 6 & -2 & 0 & -2 \\ 1 & 8 & 3 & 1 \end{pmatrix} \cdot \begin{pmatrix} 2 & 0 & 3 \\ 0 & 3 & 7 \\ 4 & -2 & -8 \\ -2 & 5 & 1 \end{pmatrix} = \begin{pmatrix} 0 & 10 & -37 \\ 16 & -16 & 2 \\ 12 & 23 & 36 \end{pmatrix}$

Die Matrixrechnung zur Lösung eines LGS

1 Lineare Gleichungssysteme als Matrix-Vektor-Gleichung

Man kann ein lineares Gleichungssystem, wie beispielsweise

$$2x_1 - 3x_2 + 4x_3 = -1$$
$$4x_1 + 6x_2 - 8x_3 = 2$$
$$-x_1 + 9x_2 - 2x_3 = 2$$

in der kompakteren Form $M \cdot \vec{x} = \vec{b}$ schreiben, mit

$$M = \begin{pmatrix} 2 & -3 & 4 \\ 4 & 6 & -8 \\ -1 & 9 & -2 \end{pmatrix}, \vec{x} = \begin{pmatrix} x_1 \\ x_2 \\ x_3 \end{pmatrix} \text{ und } \vec{b} = \begin{pmatrix} -1 \\ 2 \\ 2 \end{pmatrix}.$$

Multipliziert man nämlich das Produkt $M \cdot \vec{x}$ aus (→ *Kapitel „Lineare Abbildungen", Abschnitt 2*), lautet die Gleichung $M \cdot \vec{x} = \vec{b}$:

$$\begin{pmatrix} 2x_1 - 3x_2 + 4x_3 \\ 4x_1 + 6x_2 - 8x_3 \\ -1x_1 + 9x_2 - 2x_3 \end{pmatrix} = \begin{pmatrix} -1 \\ 2 \\ 2 \end{pmatrix}$$

Daraus folgt:

$$2x_1 - 3x_2 + 4x_3 = -1$$
$$4x_1 + 6x_2 - 8x_3 = 2$$
$$-x_1 + 9x_2 - 2x_3 = 2$$

Genau das ist das obige Gleichungssystem.

2 Die inverse Matrix und ihre Bedeutung

Die Gleichung $M \cdot \vec{x} = \vec{b}$ wird in eine äquivalente Gleichung überführt, indem man beide Seiten von links mit einer Matrix A multipliziert:

$$M \cdot \vec{x} = \vec{b}$$

$$A \cdot M \cdot \vec{x} = A \cdot \vec{b}$$

Dabei muss allerdings die Spalten- und Zeilenzahl von A so gewählt werden, dass die Multiplikationen $A \cdot M$ und $A \cdot \vec{b}$ erlaubt sind.

Mit $M = \begin{pmatrix} 2 & -3 & 4 \\ 4 & 6 & -8 \\ -1 & 9 & -2 \end{pmatrix}$, $\vec{x} = \begin{pmatrix} x_1 \\ x_2 \\ x_3 \end{pmatrix}$, $\vec{b} = \begin{pmatrix} -1 \\ 2 \\ 2 \end{pmatrix}$ und $A = \begin{pmatrix} \frac{1}{4} & \frac{1}{8} & 0 \\ \frac{1}{15} & 0 & \frac{2}{15} \\ \frac{7}{40} & -\frac{1}{16} & \frac{1}{10} \end{pmatrix}$

lautet die Gleichung $A \cdot M \cdot \vec{x} = A \cdot \vec{b}$:

(1) $$\begin{pmatrix} \frac{1}{4} & \frac{1}{8} & 0 \\ \frac{1}{15} & 0 & \frac{2}{15} \\ \frac{7}{40} & -\frac{1}{16} & \frac{1}{10} \end{pmatrix} \cdot \begin{pmatrix} 2 & -3 & 4 \\ 4 & 6 & -8 \\ -1 & 9 & -2 \end{pmatrix} \cdot \begin{pmatrix} x_1 \\ x_2 \\ x_3 \end{pmatrix} = \begin{pmatrix} \frac{1}{4} & \frac{1}{8} & 0 \\ \frac{1}{15} & 0 & \frac{2}{15} \\ \frac{7}{40} & -\frac{1}{16} & \frac{1}{10} \end{pmatrix} \cdot \begin{pmatrix} -1 \\ 2 \\ 2 \end{pmatrix}$$

Ausmultiplizieren von „links“ ergibt:

(2) $$\begin{pmatrix} 1 & 0 & 0 \\ 0 & 1 & 0 \\ 0 & 0 & 1 \end{pmatrix} \cdot \begin{pmatrix} x_1 \\ x_2 \\ x_3 \end{pmatrix} = \begin{pmatrix} 0 \\ \frac{1}{5} \\ -\frac{1}{10} \end{pmatrix}$$ (3) $$\begin{pmatrix} x_1 \\ x_2 \\ x_3 \end{pmatrix} = \begin{pmatrix} 0 \\ \frac{1}{5} \\ -\frac{1}{10} \end{pmatrix}$$

In diesem Beispiel wurde A so geschickt gewählt, dass das Produkt $A \cdot M$ genau die Einheitsmatrix ergibt (Umformung (1) → (2)). Deshalb gilt für die Lösung des LGS: $\vec{x} = A \cdot \vec{b}$.

Wenn das Produkt $A \cdot M$ eine Einheitsmatrix ist, nennt man die Matrix A die **inverse Matrix** zu M.

Merke

Die Matrix A heißt **inverse Matrix** zu M, wenn das Produkt $A \cdot M$ eine Einheitsmatrix ergibt. Umgekehrt ist eine $(n \times n)$-Matrix M nur dann invertierbar, wenn es eine $(n \times n)$-Matrix A gibt mit $A \cdot M = E_n$.
Die zu M inverse Matrix wird mit M^{-1} bezeichnet. Es gilt:
$$\mathbf{M^{-1} \cdot M = M \cdot M^{-1} = E}$$
Mithilfe der inversen Matrix M^{-1} kann die Lösung der Gleichung $M \cdot \vec{x} = \vec{b}$ direkt angegeben werden. Es gilt: $\vec{x} = M^{-1} \cdot \vec{b}$

Man beachte, dass nur (n × n)-Matrizen inverse Matrizen haben können. Dies folgt aus der Definition der Einheitsmatrix (→ *Kapitel „Lineare Abbildungen,“, Abschnitt 2*) und der **Matrix-Matrix-Multiplikation**.

Die Lösung eines LGS mithilfe der inversen Matrix hat den Vorteil, dass sie bequemer ist als die Lösung mit dem Gaussverfahren. Darüber hinaus kann man mit der inversen Matrix von M das LGS $M \cdot \vec{x} = \vec{b}$ für beliebige Vektoren $\vec{b}$ direkt angeben, ohne jedesmal das aufwendige Gaussverfahren anwenden zu müssen. Allerdings muss die inverse Matrix in der Regel erst berechnet werden, wozu auch ein gewisser Rechenaufwand nötig ist. Dies wird im Folgenden illustriert.

3 Berechnung der inversen Matrix

Beispiel

Bestimmen Sie die inverse Matrix von $M = \begin{pmatrix} 2 & -3 & 4 \\ 4 & 6 & -8 \\ -1 & 9 & -2 \end{pmatrix}$.

1. Schritt: Aufstellen des Schemas $M \mid E_n$

Zunächst stellt man das Zahlenschema $M \mid E_n$ auf, wobei E_n die Einheitsmatrix ist. Es ergibt sich:

$$\begin{array}{rrr|rrrl} 2 & -3 & 4 & 1 & 0 & 0 & \text{(I)} \\ 4 & 6 & -8 & 0 & 1 & 0 & \text{(II)} \\ -1 & 9 & -2 & 0 & 0 & 1 & \text{(III)} \end{array}$$

2. Schritt: Bestimmen der Stufenform

Mit dem in → *Kapitel „Lineare Gleichungssysteme und ihre Lösungen“, Abschnitt 2* vorgestellten Gaussverfahren bringt man dieses Zahlenschema in die Stufenform.

$$\begin{array}{rrr|rrrl} 2 & -3 & 4 & 1 & 0 & 0 & \text{(IV)} \\ 0 & 12 & -16 & -2 & 1 & 0 & \text{(V)} = \text{(I)} \cdot (-2) + \text{(II)} \\ 0 & 15 & 0 & 1 & 0 & 2 & \text{(VI)} = \text{(III)} \cdot 2 + \text{(I)} \end{array}$$

$$\begin{array}{rrr|rrrl} 2 & -3 & 4 & 1 & 0 & 0 & \text{(VII)} \\ 0 & 12 & -16 & -2 & 1 & 0 & \text{(VIII)} \\ 0 & 0 & 20 & 3{,}5 & -\frac{5}{4} & 2 & \text{(IX)} = \text{(V)} \cdot \left(-\frac{15}{12}\right) + \text{(VI)} \end{array}$$

Die Matrixrechnung zur Lösung eines LGS

3. Schritt: Linkes Zahlenschema in Einheitsmatrix umwandeln

Anschließend formt man die Stufenform mit den beim Gaussverfahren erlaubten Rechenoperationen so um, dass links die Einheitsmatrix entsteht. Dazu müssen zunächst die farbig dargestellten Zahlen eliminiert werden:

$$\left(\begin{array}{ccc|ccc} 2 & -3 & 4 & 1 & 0 & 0 \\ 0 & 12 & -16 & -2 & 1 & 0 \\ 0 & 0 & 20 & 3{,}5 & -\frac{5}{4} & 2 \end{array}\right) \begin{array}{l} (X) \\ (XI) \\ (XII) \end{array}$$

Die Zahlen −3 und 4 verschwinden, indem man zum 4fachen der Zeile (X) die Zeile (XI) addiert. Man erhält:

$$\left(\begin{array}{ccc|ccc} 8 & 0 & 0 & 2 & 1 & 0 \\ 0 & 12 & -16 & -2 & 1 & 0 \\ 0 & 0 & 20 & 3{,}5 & -\frac{5}{4} & 2 \end{array}\right) \begin{array}{l} (XIII) = 4 \cdot (X) + (XI) \\ (XIV) \\ (XV) \end{array}$$

Die Ziffer −16 verschwindet, indem man die Zeile (XV) mit $\frac{16}{20}$ multipliziert und zur Zeile (XIV) addiert. Man erhält:

$$\left(\begin{array}{ccc|ccc} 8 & 0 & 0 & 2 & 1 & 0 \\ 0 & 12 & 0 & 0{,}8 & 0 & 1{,}6 \\ 0 & 0 & 20 & 3{,}5 & -\frac{5}{4} & 2 \end{array}\right) \begin{array}{l} (XVI) \\ (XVII) = (XV) \cdot \frac{16}{20} + (XIV) \\ (XVIII) \end{array}$$

Schließlich braucht man nur noch die Zahlen 8, 12 und 20 zu normieren, d. h., auf 1 zu bringen. Indem man die Zeile (XVI) durch 8, die Zeile (XVII) durch 12 und die Zeile (XVIII) durch 20 teilt, erhält man auf der linken Seite die Einheitsmatrix:

$$\left(\begin{array}{ccc|ccc} 1 & 0 & 0 & \frac{1}{4} & \frac{1}{8} & 0 \\ 0 & 1 & 0 & \frac{1}{15} & 0 & \frac{2}{15} \\ 0 & 0 & 1 & \frac{7}{40} & -\frac{1}{16} & \frac{1}{10} \end{array}\right) \begin{array}{l} (XIX) = (XVI) : 8 \\ (XX) = (XVII) : 12 \\ (XXI) = (XVIII) : 20 \end{array}$$

Das Zahlenschema der rechten Seite ist die gesuchte inverse Matrix M^{-1}, wie man durch Berechnung von $M \cdot M^{-1}$ leicht nachprüfen kann.

Ergebnis: Die inverse Matrix von M ist: $M^{-1} = \begin{pmatrix} \frac{1}{4} & \frac{1}{8} & 0 \\ \frac{1}{15} & 0 & \frac{2}{15} \\ \frac{7}{40} & -\frac{1}{16} & \frac{1}{10} \end{pmatrix}$

4 Die Determinante und die Umkehrbarkeit einer Matrix

Nicht alle $(n \times n)$-Matrizen sind invertierbar, wie das folgende Beispiel der (2×2)-Matrix $M = \begin{pmatrix} 2 & 8 \\ 1 & 4 \end{pmatrix}$ zeigt:

Bringt man nämlich zur Berechnung von M^{-1} das Schema

$$\left.\begin{array}{cc|cc} 2 & 8 & 1 & 0 \\ 1 & 4 & 0 & 1 \end{array}\right.$$

auf Stufenform, erhält man:

$$\left.\begin{array}{cc|cc} 2 & 8 & 1 & 0 \\ 0 & 0 & -1 & 2 \end{array}\right.$$

Da die linke Seite der unteren Zeile nur Nullen hat, kann das Zahlenschema $\begin{pmatrix} 2 & 8 \\ 0 & 0 \end{pmatrix}$ nicht weiter in eine Einheitsmatrix umgewandelt werden.

Im allgemeinen Fall einer (2×2)-Matrix $M = \begin{pmatrix} a & c \\ b & d \end{pmatrix}$ (mit $a \neq 0$) lautet die Stufenform:

$$\left.\begin{array}{cc|cc} a & c & -1 & 0 \\ 0 & ad - bc & -b & a \end{array}\right.$$

Damit die linke Seite in eine Einheitsmatrix umgewandelt werden kann, muss $ad - bc \neq 0$ sein. Man nennt den Term $ad - bc$ die Determinante von M; kurz: $\operatorname{Det} M = ad - bc$.

(Anmerkung: Wie man leicht zeigen kann, gilt die Umkehrbarkeitsbedingung $ad - bc \neq 0$ auch für den Fall $a = 0$.)

Merke: Determinante und Invertierbarkeit

Für jede Matrix gibt es eine charakteristische Zahl, die so genannte Determinante. Eine Matrix ist nur dann invertierbar, wenn ihre Determinante $\neq 0$ ist.

Eine (2×2)-Matrix $M = \begin{pmatrix} a & c \\ b & d \end{pmatrix}$ hat die Determinante

$\operatorname{Det} M = ad - bc$.

Für die inverse Matrix M^{-1} ergibt sich: $M^{-1} = \begin{pmatrix} \frac{d}{\text{Det}} & \frac{-c}{\text{Det}} \\ \frac{-b}{\text{Det}} & \frac{a}{\text{Det}} \end{pmatrix}$

Die Determinante einer (3×3)-Matrix $M = \begin{pmatrix} a_{11} & a_{12} & a_{13} \\ a_{21} & a_{22} & a_{23} \\ a_{31} & a_{32} & a_{33} \end{pmatrix}$

kann folgendermaßen berechnet werden:

$\operatorname{Det} M = a_{11} \operatorname{Det} M_1 - a_{21} \operatorname{Det} M_2 + a_{31} \operatorname{Det} M_3$

Man beachte, dass die Vorzeichen von Summand zu Summand wechseln. Die Matrizen M_1 , M_2 und M_3 sind (2×2)-Matrizen, die durch die Koeffizienten a_{11}, a_{21} und a_{31} bestimmt sind. Man erhält M_1, M_2 und M_3 folgendermaßen:

Die (2×2)-Matrix M_1 erhält man, wenn man in der (3×3)-Matrix M die Zeile und die Spalte, in der a_{11} vorkommt, streicht. Ganz entsprechend ermittelt man mit a_{21} und a_{31} die (2×2)-Matrizen M_2 und M_3.

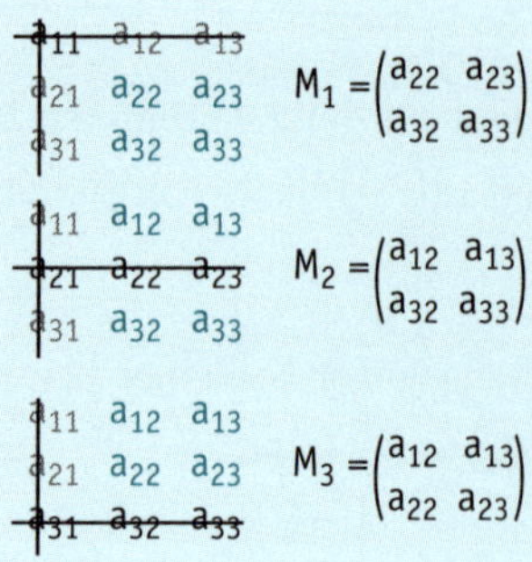

Die für die Determinantenberechnung benötigten „Teilmatrizen" entstehen jeweils durch Streichen einer Zeile und einer Spalte in M.

Welche Zeile bzw. Spalte man in M wählt, um nach diesem Prinzip die Determinante zu berechnen, ist willkürlich. Um sich unnötige Rechenarbeit zu sparen, sollte man daher eine solche Zeile oder Spalte wählen, in der möglichst viele Nullen stehen.

Die Berechnung der Determinante von $(n \times n)$-Matrizen mit $n > 3$ funktioniert genauso, ist aber wegen der dabei auftretenden Schachtelung der einzelnen Matrizen recht aufwendig.

Anhang

A

B

D

E

F

G